稻盛和夫的情商课

梅芬芬　王超◎编著

航空工业出版社
北京

内 容 提 要

本书根据稻盛和夫几十年丰富的人生阅历和思想感悟，精心编写出适合广大青少年阅读的情商修炼读本，比如如何调整心态，如何提高情商，如何提升自我等；再配以生动贴切的漫画、深入浅出的智慧问答和紧扣主题的练习，让青少年们得到启发和借鉴，从而在成长的路上少走弯路。

图书在版编目（CIP）数据

稻盛和夫的情商课 / 梅芬芬，王超编著．--北京：航空工业出版社，2025.1.--ISBN 978-7-5165-3970-5

Ⅰ. B842.6-49

中国国家版本馆CIP数据核字第20240ER057号

稻盛和夫的情商课
Daoshenghefu De Qingshangke

航空工业出版社出版发行
（北京市朝阳区京顺路 5 号曙光大厦 C 座四层　100028）
发行部电话：010-85672688　010-85672689　读者服务热线：010-85672635

唐山楠萍印务有限公司印刷　　全国各地新华书店经售
2025 年 1 月第 1 版　　2025 年 1 月第 1 次印刷
开本：710×1000　1/16　　字数：150 千字
印张：10　　定价：68.00 元

前言

提到享有“经营之神”美誉的稻盛和夫这位日本的知名企业家，哪怕是不太关注商业领域的人也会有所耳闻。稻盛和夫从零开始建立了自己的商业帝国，成功创建了两个进入全球500强的企业，并在短短一年时间内成功地帮助日本航空公司走出长期亏损的困局，并逐步走向盈利的轨道，对于日本战后经济复兴贡献巨大，他的成就和影响力受到世人瞩目。

把稻盛和夫仅仅定义为一个成功的商人或管理专家是远远不够的，他不仅在物质上大方，将个人财富慷慨地捐赠给员工，而且在智慧分享方面也毫不吝啬，是一位慷慨的“人生导师”。除了商业成就，他同样是一位深具哲理的思考者。本书不仅分享了他的商业理念，也将他人生的宝贵经验传递给年轻人。他提倡在日常中寻求持续进步，学会喜欢现在的工作。他的经营哲学影响深远，强调追求完美、不断精进，成功是能力、努力与态度的结晶，他的智慧和经验为年轻人提供了宝贵的人生忠告。

全书主题包含人生和成长两部分，每一条稻盛和夫的忠告下面，展开小观点加以阐述，而每一个小观点基本上用稻盛和夫的亲身经历或者其他人的相关事迹来举例论证，配合生动贴切的漫画、深入浅出的智慧问答和紧扣主题的练习，针对年轻群体比较关注的痛点，如：困惑、挫折、成长、成功等提供成长的经验和深刻的解答。

目录

人生篇

● 成长篇

出场人物

稻盛和夫

慈祥而不失幽默感的爷爷，充满了智慧。

轩轩

11 岁，小学六年级，聪明，爱提问，爱捉弄人。

轩轩的妈妈

家庭主妇，管得多，好唠叨，却逻辑不清，常自我纠结、自相矛盾。

轩轩的爸爸

做事一板一眼，踏实，倔强。

七月

轩轩的妹妹，4 岁，乖巧，很萌，有点儿迷糊，好运值爆表，受全家宠爱。

美琪

11 岁，班花，甜美，很娇气，爱炫耀。

王老师

对本班学生要求严格又宠溺，争强好胜，表面对轩轩很严肃，经常背后夸奖轩轩。

大牙

11 岁，憨厚，热心肠，是轩轩的受气包与替罪羊。

小华

11 岁，学霸。

丽娜

11 岁，班长，严苛，高冷，毒舌。

人生篇

人生的道路上有鲜花，也有荆棘；有让我们感到幸福与自豪的成功时刻，也有让我们痛苦与绝望的失败瞬间。好坏交替才是完整的人生轨迹。稻盛和夫教导我们要保持积极正面的态度，用毫不动摇的决心，努力去面对人生中的失败与成功。

在稻盛和夫看来，人生是为心的修行而设立的道场，人生的意义在于修炼纯洁美丽的心灵。拥有什么样的心灵，就会选择什么样的人生，实现什么样的人生价值。人生的目的就是在灾难和幸运的考验中磨炼自己的心志与灵魂，造就一颗美丽的心灵。

将今天作为人生的单位

珍视当下发生的一切，过好每一个今天，才能找到真正的力量，发现通向幸福终点的道路入口；做好眼前的事，才能创造出最有希望的生活和最有价值的人生。

稻盛和夫告诉我们，不会把握当下的人即使有非常宏伟的目标也只是夸夸其谈，这种目标如水中月、镜中花，只是一场虚幻，无法实现。

京瓷公司创建以来，稻盛和夫只用心制订年度经营计划，从来不做3年、5年或10年的中长期经营计划。新闻记者采访时对此表示不解，稻盛和夫解释说：如果有人说自己能够预想到久远的将来，这种话基本上都会成为“谎言”。多少年后销售额达到多少、人员增加多少、设备投资如何，这样的蓝图无论如何描绘，实际上总会出现超出预想的环境变化和意料之外的事态。如此人们就不得不调整与改变计划，甚至将计划全盘否定、推倒重来。如果人们频繁地调整计划，不论计划做得多么好、蓝图描绘得如何吸引人，员工们都会认为计划中途会变更，他们就会既不重视计划，也不会为实现计划目标而全力以赴。

故事链接

偷得浮生半日闲

卓根是丹麦哥本哈根大学的学生。一个暑假，他去当导游，抵达华盛顿住进酒店后，他突然发现自己口袋里的钱包因为不小心不见了，里面有去芝加哥的机票、护照和钱。他立刻跑向柜台，经理说：“我们会尽力想办法。”卓根的零花钱剩下不到两美元，他越想越生气，越来越恼火，于是想了很多办法来惩罚自己，折腾了一夜。

第二天早上，钱包还是没找到。卓根突然对自己说：“不行，我不能再沉溺在后悔中了。我应该好好利用这一天，走遍华盛顿。”于是他立刻出发，徒步参观了白宫、国会山和几大博物馆，登上了华盛顿纪念馆的楼顶……参观了很多他以前从未去过的地方。

回到丹麦后，他对这次美国之行记忆最深的便是他到达华盛顿的那一天——因为他抓住了这宝贵的一天，度过了美好的旅游时光。

漫画剧场

活在当下

我去采购生活用品了。
买了什么好吃的？
妈妈，你怎么提这么一大袋东西。
这是明天的早饭，你可不许偷吃。
这蛋糕一看就好吃。
我今天就想吃，等不到明天。
轩轩你昨天为什么偷吃！
我要吃蛋糕。
我是活在当下、享受当下。
我看你是寅吃卯粮！

智慧问答

稻盛先生，请问“将今天作为人生的单位”，应该如何理解呢？

每一秒钟积累成今天这一天；每一天积累成一周、一月、一年，乃至人的一生。因此今天是我们能把握住的人生最小单位。

那么，我应该怎么做才能过好“今天”这一天呢？

在我的人生经验中，做年度计划要细化到每个月，进而细化到每一天的具体目标，然后千方百计努力达成。活在当下这一刻，过好每一天，这样成功就离我们不远了，我们日常生活也会变得有意义。

如果我只设立一个远大的人生理想而不做今天的计划呢？

从心理学的角度看，如果设置的目标过于远大，达到目标的过程太长，人们往往在中途遭遇挫折就会泄气，进而放弃目标。与其让目标中途作废，不如一开始就不要设立，或者将远大的目标细化到每一年、每一月、每一天。

自我修炼课堂

示例：

20 年以后，我 31 岁，是一名优秀的航天工程师，为国家航天事业贡献力量。

22 岁（大学）时，我在 ** 航空航天大学学习航天工程专业，努力学习专业知识。

15 岁（高一）时，我在 ** 中学读书，努力学习知识，尤其是物理、化学知识要掌握得非常扎实，为考取心仪的大学努力。

12 岁（初一）时，我在初中，可能是普通中学或者重点中学，我在努力学习，争取进入重点高中。

现在的我要锻炼身体，少生病，把英语成绩提上来，让自己全面发展。

20 年以后，我 31 岁，________________________________

22 岁（大学）时，我________________________________

15 岁（高一）时，我________________________________

12 岁（初一）时，我________________________________

现在的我______________________________________

稻盛和夫箴言：

拼尽全力，活在当下这一刻。做好眼前的事，才能创造出最有希望的生活和最有价值的人生。

好坏交替才是完整的人生轨迹

挫折是人生中不可避免的经历，人生的目的就是在挫折和幸运的交替考验中磨炼自己的心志。人生难免有挫折，关键是我们如何对待这些困难。有一句俗语："当上帝关了这扇门，一定会为你打开另一扇门。"

在稻盛和夫看来，好坏交替才是完整的人生轨迹。稻盛和夫年轻的时候，幸运之神不曾降临在他的头上。年轻的稻盛和夫带着父母兄弟的鼓励和期望来到京都打算大展身手，却不承想在事业之路上连连碰壁。稻盛和夫见自己职业生涯的开始竟如此狼狈，做什么都不顺利，不禁一度陷入绝望无助的困惑中。

稻盛和夫的前半生可以说是挫折连连，干什么都不如意。但是在事业上屡屡受挫，前路困难重重的时候，稻盛和夫并没有气馁，而是用正确的态度迎接考验，最终迎来了成功。后来回头看，稻盛和夫意识到，这种种挫折是上苍为提升自己而特意赐予的磨炼和考验，人的能力正是在这种情况下得到无限延伸。稻盛和夫的经历给我们的启示是：即使是在最难熬的逆境中，也要永远保持快乐的心情、积极的态度，时时不忘实现自己的目标。

故事链接

独自环球航行

弗朗西斯·奇切斯特是一位英国航海家，他在快满65岁的时候开始了一生中最了不起的一次航海。

奇切斯特沿着大型三桅帆船的航线航行，三桅帆船一般配备多名船员，而奇切斯特是独自一人扬帆破浪，即使在主要转舵装置被大风刮坏之后仍是这样。奇切斯特一直航行了12253海里，才在悉尼港停船靠岸。由于奇切斯特患有肺癌，他上岸后，得由人搀扶才能行走。大家都说，他已经航行得够远了，不要再继续向前航行了。在悉尼休息了几周之后，奇切斯特不顾医生和朋友们的多方劝阻，决意完成自己的计划，再次扬帆出航。这后半段航程更为艰险，在此期间，奇切斯特产生过恐惧，又战胜了恐惧，绕过了险情四伏的合恩角。历时9个多月，航行了24766海里后，奇切斯特回到了英国，有25万人等在港口欢迎他，女王伊丽莎白二世手持宝剑敕封他为爵士。奇切斯特看上去疲倦不堪，但身体并无大碍。这位年近古稀的冒险家终于完成了这次“具有历史意义的航行”，也完成了他想完成的伟业。

漫画剧场

祸不单行

你们两个给我站起来！
嘿嘿，有趣。
你看什么呢？
都怪你，被老师发现了。
老师眼观六路，这不能怪我。
漫画被没收，又被罚站，真是祸不单行。
这件事有坏的一面也有好的一面。
有我陪你罚站，你一定很荣幸吧。
我倒！

智慧问答

轩轩，对于“好坏交替才是完整的人生轨迹”，你怎么理解？

我认为人生旅程就像在大海中航行一样，有风平浪静、顺风顺水的时候，也有狂风暴雨、逆水行舟的时候，只要我们克服困难，朝着目标勇往直前，就一定能抵达终点。

不错，你理解得很深刻，那么，面对顺境和逆境分别应该如何应对？

对于顺境，不能麻痹大意、得意忘形，身处顺境并不等于一切顺利，更不等于没有困难，一定要对可能出现的困难和挫折做好充分的思想准备。对于逆境，不能怨天尤人、自暴自弃，而应大胆正视，积极应对，努力创造条件，变不利因素为有利因素，使之成为人生旅程上的一个闪光点。

是的，挫折是成长过程中不可或缺的一部分，如果你在生活和学习中遇到挫折应该怎么做呢？

我会以您为榜样，面对挫折不气馁，将挫折当作提升自己能力的机会，勇敢地接受磨炼和考验，永远保持快乐的心情、积极的态度，时时不忘实现自己的目标。

自我修炼课堂

1. 人生的经历包含哪些方面？（　　）

A. 人生总是春风得意　　B. 人生只有磨炼与苦难

C. 人生平淡，没丝毫起伏　　D. 好坏交替才是完整的人生

2. 总结过去的一天，记录下发生了哪些好事和坏事。

好事：________________

坏事：________________

不好也不坏：________________

3. 你认同“好坏交替才是完整的人生轨迹”这一观点吗，为什么？

____

4. 你认为应该如何面对好坏交替的人生轨迹？（　　）

A. 人生不如意十之八九，消极应对避免不了的困难与挑战

B. 趋利避害，完全规避人生中的阻碍与磨难

C. 得过且过，当一天和尚撞一天钟

D. 客观地看待好坏交替的人生，保持积极正向的态度，毫不动摇地实现人生价值

稻盛和夫箴言：

不要因为接踵而来的挑战而变得事事悲观且愤世嫉俗，把所有的疑虑和负面的想法从心中根除，幸运之神就会光顾，因为好坏交替才是完整的人生轨迹。

人的价值由心灵决定

稻盛和夫认为，人的价值由心灵决定，人生的意义在于修炼纯洁美丽的心灵。拥有什么样的心灵，就会选择什么样的人生，实现什么样的人生价值。人生是提高身心修养的空间。

稻盛和夫在人生经历中，一直将“提高身心修养，修炼心灵”践行到底。1985 年，稻盛和夫投入他所持京瓷公司的股票和现金等个人财产共计 200 亿日元成立稻盛财团，创设了“京都奖”，每年在全球挑选出在尖端技术、基础科学、思想艺术等各个领域取得优异成绩、做出杰出贡献的人士进行表彰，颂扬他们的功绩。

稻盛和夫认为，人生的价值必须用高尚的品格和美丽的心灵造就的光彩来展现。力图使自己活泼而不轻浮，严肃而不冷淡，自信而不骄傲，虚心而不盲从。只有这样，人生的旅途才能经风不折、遇霜不凋、逢雨更娇、历雪更艳！

故事链接

女工变身女老板

许多年前，一个出身贫寒的小姑娘到位于美国纽约市第五大街的一家裁缝店当打杂女工。当走进那家金碧辉煌的裁缝店时，她看到女士们乘着豪华轿车来到店里，在店里镀着金边的大试衣镜前试穿她们漂亮的衣服。一股强烈的欲望在小姑娘的心中燃起：我也要成为她们中的一员。

于是，小姑娘玩起了一个令人兴奋的游戏。她每天开始工作之前，都要对着那面试衣镜，很开心、很温柔、很自信地微笑。她虽然手头拮据，只能穿粗布衣裳，但她假装自己已经是身穿漂亮衣服的夫人，待人接物落落大方，彬彬有礼，深受那些女士们的喜爱。她虽然只是一名打杂女工，但她假装自己已经是老板，工作积极投入，尽心尽责，仿佛那裁缝店就是她自己的，因此深受老板信赖。不久，有许多客户开始在女老板面前夸赞小姑娘。又过不久，女老板就把裁缝店交给小姑娘管理了。

小姑娘渐渐有了一个响亮的名字——“安妮特”，继而成了“服装设计师安妮特”，最后终于成了“著名服装设计师安妮特夫人”。

漫画剧场

何为“四美”

同学们，你们知道五讲四美是哪四美吗？
这我知道，是西施、貂蝉、王昭君和杨玉环。
我问的不是四大美人！
四美指的是“语言美、心灵美、行为美、环境美”。
非常正确。
切！
希望你们都做心灵美的好孩子。
好！

智慧问答

稻盛先生，您为什么说人的价值是由心灵决定的？

我认为，人之所以来到这个世上，是为了比出生时更为进步，或者说是为了带着更美一点、更崇高一点的灵魂死去。

您认为心灵和人生价值之间存在什么样的关系？

我认为，人生的意义在于修炼灵魂。拥有纯洁美丽的心灵，是思考人生所必须具备的。拥有什么样的心灵，就会选择什么样的人生，实现什么样的人生价值。

心灵是内在的思想，它是如何对人生价值起决定作用的？

这不仅体现在个人的内在品质和思维方式上，还体现在通过这些内在特质所做出的选择和实现的人生价值上。首先，思想不仅决定了个体的行为和选择，也塑造了人的价值观和人生方向。其次，人的心灵的内在特质决定了人的价值维度及能级，从而使人在生命中展现出不同的价值。再次，拥有纯洁美丽的心灵是思考人生和实现人生价值的基础。

自我修炼课堂

1. 你认为什么是美丽的心灵？（　　）

A. 活泼而不轻浮，严肃而不冷淡

B. 自信而不骄傲，虚心而不盲从

C. AB 都不是

D. AB 都是

2. 美丽心灵体现在内在思维方面，也体现在行动和价值选择上，应该如何修炼美丽心灵？

思维方面：______________________________

行动方面：______________________________

价值选择方面：__________________________

3. 你认为心灵和人生价值之间存在什么样的关系？

____

____

4. 如何理解“拥有什么样的心灵，就会选择什么样的人生”？

____

____

稻盛和夫箴言：

成功时学会深思，受挫折时保持镇定，在追求人生价值中怀着一颗美丽的心灵，在奉献中实现人生价值。

善心将地狱变成天堂

人生好比一个试验厂，既有成为天堂的可能，也有成为地狱的可能。同样的环境，同样的条件，为什么一些人把它经营成天堂，而另一些人却把它变成地狱？关键在于，人们是注重共同幸福还是独霸利益。

稻盛和夫年轻的时候，曾经以行脚僧的身份在圆福寺修行，他向寺院的长老请教天堂和地狱分别是什么样的。长老给他讲了一个小故事，还告诉他：“这个世界上确实存在天堂和地狱，但是两者表面上几乎是完全相同的，唯一不同的是那里的人们的心。”稻盛和夫将长老的话牢牢记在心中，在京瓷公司欢迎新员工的典礼上，他引用圆福寺长老讲述的这个小故事，阐述善心的重要性。

稻盛和夫认为，一个人无论多么富有，如果获取利益的欲望无止境地膨胀，那么他就永远不会幸福。相反，就算生活拮据，但他仍心存善念，怀有一颗善良的心宽以待人，懂得给别人带来欢乐与美好，懂得关心别人、与他人合作，也终会得到丰厚的回报。

其实，天堂和地狱离得很近，仅在人们的一念之间。是天堂还是地狱，取决于我们内心在几秒钟之内做出的或善或恶的决定。

故事链接

天堂与地狱的区别

圆福寺的长老语重心长地给年轻的稻盛和夫讲了这样一个故事：地狱和天堂里各有一口大锅，锅里翻滚的热汤里煮着美味的面条，但你想吃到面条，只能使用一端固定在手上的一米长的筷子夹取。

住在地狱里的人都怕面条被别人抢光，争先恐后地把筷子伸向锅里夹面条。一幅你争我抢的画面出现了，大家用筷子打架，面条和汤汁到处飞溅，一个人夹到的面条被另一个人抢走或打掉，每个人争得筋疲力尽，却谁都没有吃到一口面条。美味可口的面条就在面前，可地狱里的人都因饥饿而衰弱。

与地狱里的情况大相径庭，天堂里却是一片热闹祥和的气氛。任何人一旦用自己的长筷子夹到面条，就送到对面人的嘴边，边送边礼貌地说“您先请”。对面的人吃下面条会说“谢谢”，然后帮对方夹取面条作为感谢和回赠。因此，天堂里的人都能从容地吃到面条，心里也感觉到暖意，每个人都感到很幸福。

这则小故事告诉我们一个道理：人们生活在同一个地球上，怀有善心或者恶念可以决定这里是天堂还是地狱。

漫画剧场

善良的七月

智慧问答

轩轩，你从圆福寺长老讲的关于天堂和地狱的故事中得到什么启示？

同样面对着一锅面条，天堂里的人互相帮助，为他人着想，都品尝到美味的面条。而地狱里的人争先恐后，相互打击和阻挠，都因饥饿而衰弱。由此可见，天堂与地狱的区别在于是否怀有一颗善心。

说得好，天堂与地狱的区别在于是否怀有一颗善心。那么，如何将生活变成天堂呢？

当我们心里充满爱的时候，就是身处天堂，这是人性中美好的一面，也是我们要提倡和追求的。

是的，心态不同，人生的境遇也会不同。希望你多行善事，多做对他人有益的事，将人生经营得更加出色，让自己和他人都感到幸福。

稻盛先生，我一定不辜负您的期望！

自我修炼课堂

1. 善心需要传递，如果你乘公交车遇到下面的情形，该怎么做？（　　）

A. 看见有老人上车赶紧假装看书

B. 乘坐公交车不给孕妇让座

C. 我们应该主动帮助行动、视力障碍者

D. 让身旁抱小孩的人给老人让座

2. 关于修炼善良的心灵，下列哪个说法是错误的？（　　）

A. 播种善良就是收藏希望

B. 予人方便就是为了自己方便

C. 善有善报，恶有恶报

D. 帮助别人就能得到金钱

3. 判断题。

（1）助人为乐是传统美德，我们都得到过别人的帮助。（　　）

（2）行善也需要智慧，帮助别人也要尊重别人的自尊心。（　　）

（3）随大溜是一种很好的自我保护方式。（　　）

4. 如何理解“善心能够将地狱变成天堂”？

____

____

稻盛和夫箴言：

心态不同，同样的事情会有截然不同的结果。如果怀着一颗善心对待人和事，地狱也会变成天堂。

正向思维带来幸福的人生

稻盛和夫曾经在北京大学发表题为《经营为什么需要哲学》的演讲，与学生们深入交流思维方式对人生的影响。稻盛和夫列举了许多正向思维的表现：如，积极向上，有建设性；善于与人合作，有协调性；性格开朗，对事物持肯定态度；充满善意，能同情他人，宽厚待人；诚实正直、谦虚谨慎、勤奋努力；戒贪欲，不自私，知道感恩，懂得知足，等等。稻盛和夫指出，人生和事业的成功需要保持正向的思维方式，充满热情，提升能力。

不同的人在同样的环境中对待同样的事物，却有着截然相反的想法，这是他们对待事物的态度和思维方式不同造成的。思维方式对我们的言行有决定性作用，正向思维有利于我们以积极、主动、乐观的态度去思考和处理各种事情，促使事情朝有利于自己的方向转化。一切文明成果都是正向思维的结果，正向思维的本质就是发挥人的主观能动性，挖掘潜力，体现人的创造性和价值，它帮助我们丰富认知、改变命运。正向思维使我们在逆境中更加坚强，在顺境中脱颖而出，变不利为有利，从平庸到卓越，因此我们应该学会用正向思维来管理自己。

故事链接

病房窗外

两个重病男子住在医院同一间病房里，阿来的病床靠窗，而家乐只能凝视天花板度日。靠窗的阿来被允许每天下午坐在病床上一个小时，以帮助他排出肺部的液体。这时，阿来会坐立起来看向窗外，把所见的一切景致生动地描述给家乐听，公园、孩子、动物、城市壮丽的天际线、热闹的游行……阿来用优美的语言详细描绘这些美景的时候，家乐就会闭上眼睛想象那些美好的情景。

家乐期盼每天下午的这一个小时，阿来描述的窗外世界的形形色色、五彩斑斓，让他的世界变得更加广阔、生动。

一天晚上，阿来突然大声咳嗽，呼吸急促，液体已经充塞了他的肺脏，他两手摸索着呼救电铃的按钮。家乐却纹丝不动地听着，心想，他凭什么要占据窗口那张床位呢？第二天早上，护士发现靠窗的阿来已经死去。家乐选择了一个合适的时机，要求将自己的床位调换至靠窗的位置。换到窗口后，家乐忍着疼痛用一只手肘撑起自己的身体，第一次从医院的窗口向外看去，对着窗口的却是一堵空白的墙壁。

漫画剧场

小心眼儿

这个知识点很重要，没听懂的同学请举手提问。
老师为什么看着我，她一定认为我笨，听不懂。
啊，对不起！
哼，你一定是故意的。
他俩孤立我。
我跟你说，今天太有意思了。
什么事。
七月，吃个鸡腿。
妈妈真偏心！
轩轩，你心态不好，应该学会正向思维。

智慧问答

稻盛先生，故事中的家乐真可恶，竟然见死不救！

是啊，这是因为家乐的私心太重了，他嫉妒阿来占有窗口的位置，嫉妒阿来每天有一小时时间欣赏窗外的景色。

可是，家乐如愿以偿换到了窗口的位置，看到的不也只是空白的墙壁吗？

面对同一面墙，正向思维的阿来将其描绘成一个五彩斑斓的世界，以此来鼓励家乐，帮助家乐。然而家乐的思维方式是负向的，他怨恨阿来独占窗口，最终也没有得到好的结果。没有阿来绘声绘色的讲述，家乐只能每日在病房里对着白墙长吁短叹。

家乐和善良热心的阿来相比，真是差得太远了。

不错，不同的人在同样的环境中对待同样的事物，却有着截然相反的想法。要想度过幸福的人生，无论如何都必须具备正向的思维方式。

自我修炼课堂

1. 下列思维方式哪些属于正向思维？（　　）（多选）

A. 自我肯定

B. 用长远的眼光看待问题

C. 将每一次挑战视为成长的机会

D. 耐心与坚持

E. 轻言放弃

2. 关于正向思维，下列哪种表述是错误的？（　　）

A. 正向思维让我们接受一切事实，而不是否认、拒绝或怨恨一切

B. 正向思维是一种积极、乐观和富有希望的思维方式

C. 设定积极的目标是一种积极的思维方式

D. 被伤害、被无视、被抛弃、被指责是训练正向思维的唯一途径

稻盛和夫箴言：

人生很多的失败，往往是因为“思维方式”变成负值，人们如果不改正这类负向的“思维方式”，不管有多少财富都不可能有幸福的人生。

真诚带来爱与和谐

什么是真诚？真诚的关怀，温暖芳香；真诚的赞扬，催人向上；真诚的交流，获取信任；真诚的合作，赢得成功……真诚是春风，它拂去了心灵的微尘；真诚是雨露，滋润着友谊的花朵。真诚给我们希望，给我们力量，真诚不是智慧，却常常放射出比智慧更诱人的光芒。

稻盛和夫认为，真诚总能打动别人的心，把自己的真心奉献出来，别人就会推心置腹地与我们畅谈。真诚是人与人交往中不可或缺的一种情感，在与人交流的过程中，用一颗纯粹而真挚的心才能得到别人的信任。

为人处世不仅需要一定的技巧，更要付出真诚，因为真诚是一把打开成功之门的金钥匙。与人交往若是缺少真诚，就没有真正的友谊可言，一个人真诚的心声，才能引起一群人真诚的共鸣。真挚的情感让我们用云絮般的温柔擦拭哭泣的脸庞，真挚的情感让我们用温暖的笑颜去面对每一次困难与挑战，真挚的情感让我们用充满正能量的心灵浇灌爱的思想。我们待人接物时应秉持真诚的品性，只有这样，心灵才会美好，我们才会愉快地过好每一天。

故事链接

林肯开给真诚的通行证

在美国南北战争期间，有位年轻人找到林肯，要求他开一张去南方的通行证。

林肯说："战争正在进行，你去南方干什么呢？"年轻人说："去探亲。""那你一定是个北方派，你去劝说一下你的亲友们，让他们放下武器。"林肯高兴地说。那年轻人说："不！我是个南方派，我要去鼓励他们，要他们坚持到底。"

林肯很不高兴："年轻人，你来找我干什么？你以为我能给你通行证吗？"年轻人沉着地说："总统先生，我在学校读书时，老师就给我们讲诚实的林肯的故事，从此，我便下定决心要学习林肯，一辈子不说谎。我不能为了一张通行证而改变自己说话做事都要诚实的原则。"

林肯被年轻人真诚的话语打动了："好吧，我给你开一张。"说着，在一张卡片上写下了这样一行字："请让这位年轻人通行，因为他是一位信得过的人。"

这位年轻人用他的真诚打动了林肯。人生的道路上会有许多波折，然而真诚最终总能帮助我们穿过重重障碍，直达理想的彼岸，因为它首先穿过的，就是人们的心灵。

漫画剧场

最好的朋友

听懂了吗？
懂了懂了，你真是我最好的同学。
快点交作业！
我最好的班长，等我找找。
你真是我最好的朋友。
你也是我最好的朋友！
你不是说和我们最好吗？
哈哈，都最好。
嗯？最好的朋友？

智慧问答

轩轩，通过今天的学习，你认为与人交往，什么最重要？

我认为要想与人建立良好的关系，获得对方的信任，首先应该怀着一颗真诚的心。一颗真诚的心就像春天田野里一道绿色的风景，跃动着生命的节奏。一颗真诚的心犹如一泓涓涓的泉水，滋润人们干涸的心灵，让受尽煎熬的心重新生长出希望。

说得好，那么，请你具体说一说真诚为何重要吧！

因为真诚是一切关系的基础，真诚是一把打开成功之门的金钥匙，只有拥有真诚的心才能得到幸福、获得成功。我们都应该真诚地对待生命中的每一天，真诚地对待身边的每一个人，这样我们的生活将会充满阳光和温暖。

是的，真诚在人际交往中非常重要，但我们应该首先表现出真诚，如果你不主动付出真诚，又如何能期待他人真诚地为你付出呢？

稻盛先生，我会记住您的话，我一定怀着一颗真诚的心去热爱生活，用真挚的情感去感染身边的人。

自我修炼课堂

1. 你喜欢与下列哪些人交朋友？（　　）

A. 丽娜品学兼优、待人真诚、尊敬师长、团结同学

B. 小华学习好，喜欢独来独往，不愿与人合作

C. 大牙喜欢给别人起外号，并乱叫一气

D. 轩轩为人热情大度，不太计较同学之间的小摩擦

2. 如果你不小心伤害了一位朋友，如何真诚得体地向他道歉？（　　）

A. 对不起，但我不是故意的，你应该原谅我才对

B. 对不起，虽然我错了，但你也有不对的地方，你不能只怪我啊

C. 对不起，我不是故意的，请你原谅我好吗

D. 对不起，这次算我错了，好不好

3. 你认为真诚待人和虚情假意的根本区别是什么？

____

4.. 如何理解“用真心换真心”？

____

____

稻盛和夫箴言：

以一颗真诚的心与人相处，举手投足间，一个微笑，一声问候，便能把温暖传递给身边的人，建立起信任的桥梁。

修身养性的关键在于克己

稻盛和夫曾经说过："我们在迈出脚步的时候，需要征服一座高山，那就是我们自己，人最难战胜的就是自己。"征服自己这种优秀的品质就叫作意志力、自制力或者克己自律。一个人成功的最大障碍不是来自外界，而是自身，除了力所不能及的事情做不好之外，能做的事不做或做不好，那就是自身的问题，是自制力的问题。

克己是自制力的一种表现，自制不仅仅是在物质上克制欲望，对于一个渴望成功的人来说，精神上的自制力同样十分重要。

假如，我们计划今天把阅读列表中的任务完成，早上醒来后，却因昨晚熬夜刷手机而困倦，我们是否能克服睡懒觉的欲望下床穿衣、坐在书桌前认真读书？如果我们打算去远足，但是身体乏力，我们是否要终止出行的计划？如果我们正在进行的一件事遇到了巨大的困难，我们是继续努力，还是停下来观望呢？

一个成功的人应该是一个能够克己的人。大家都做但情理上不能做的事，他自制而不去做；大家都不做但情理上应该做的事，他强制自己去做。做与不做，能否克己而为，就是能否取得成功的关键因素。

故事链接

自律的村上春树

在大多数人的印象中，作家是任性而无视生活规则的，他们往往不受时间和空间的限制。他们可以想写作就写作，没灵感的时候就去旅旅游。然而事实并非如此，在诗与远方的表层之下，潜藏的是他们常年刻意练习形成的肌肉记忆与深入骨髓的自律。

以高产出名的村上春树过的是一种清教徒式的自律生活，清晨五时即起床，前几个小时用来写作和处理重要事务。他一直保持着一个“每日修改”的习惯，即每日进行当天的写作之前，花 15 至 20 分钟，重读并修改前一天的作品。每日写作 10 页，每页 400 字，不能少，也不能过多。之后是运动与杂事，日暮时分他则停止工作，夜晚 10 时前入睡，拒绝一切夜生活。

长年累月如专业运动员般的自律生活，村上春树已经成功地把身体塑造成为了自己的友军，他也成了一个不被灵感控制，反而能够控制灵感的人。他说：当自律变成一种本能的习惯，你就会享受到它的快乐。

漫画剧场 作业与足球

咋还不下课，我等着踢足球呢。
作业完成了吗？
等踢完球再写。
成绩下降这么多，都是因为你不自律，只顾踢球。
我以后一定自律。
53
走，踢球去！
我要先完成作业。

智慧问答

稻盛先生，您为什么说人最难战胜的是自己？

因为自律没有任何捷径，能帮我们的只有自己。自律或者不自律，都是我们自己本身的意愿，跟外界关系不大。但这里面最大的变数，就是我们自己。

稻盛先生，我也想做一个自律的人，应该怎么锻炼呢？

自律来自生活的方方面面，包括工作、饮食、运动、学习。制订计划，然后自律地完成计划。比如，你可以制订一个全天计划，上午做运动、写作，下午读书、做饭。然后拆解，把每一步细分，一步一步地去执行。

我明白了，把计划细致地拆分，如果我有一步不去做，或者去拖延，很可能直接影响下一步计划。然后一步影响一步，最终让整个计划执行不下去，这样计划大概率会失败。如此只能自己管住自己，坚持下去。

说得好，相信你一定会成为一个自律的人。

自我修炼课堂

1. 轩轩喜欢踢足球，常常因为踢足球而耽误了做作业，导致学习成绩下降。后来，他认识到这个缺点，下决心控制踢足球的时间，认真完成每天的作业，成绩就上去了。这表明轩轩具有（　　）。

A. 自学能力　　B. 体育技能

C. 自律能力　　D. 守纪习惯

2. “我也知道这样不好，可就是管不住自己。”这句话表明（　　）。

A. 严于律己的表现　　B. 改正错误的表现

C. 自强自立的表现　　D. 缺乏自律的表现

3. 自律和成功之间的关联是什么？

____

____

4. 从小培养自律的方法是什么？

____

____

稻盛和夫箴言：

克己不仅是一种美德，还可以在关键时刻助我们一臂之力。

逆境是翻身的最佳时机

在成长的路上，不管失败也好成功也好，都是对我们的一种磨炼和考验。我们要从中接受考验，将其作为动力，持续不懈地努力，经历过风雨的天空才能绽放出美丽的彩虹，当跨过这些坎坷与险阻之后，迎接我们的将是幸福的人生！

稻盛和夫在故乡鹿儿岛参加小学同学会，偶遇了小学班长，班长讲起自己的经历。班长小学毕业考上了稻盛和夫没考上的鹿儿岛一中，进入一中的班长本打算努力学习，不承想自家的房子遭遇空袭被烧毁。他无法接受如此巨大的打击，从此一蹶不振，自甘堕落了，他加入了小混混团伙，干了许多坏事。一天，班长突然意识到“这样下去自己的人生就像自家的房子一样毁了”，他振作起来，回到学校认真听讲，努力学习，终于学业有成，进而获得事业和人生的成功。

稻盛和夫从班长的经历中悟出一个道理：年轻时碰到好事绝不能骄傲，遭遇灾难和重大挫折也不可消沉。这些都是上苍赐予的考验，我们应该把这些经历作为精神食粮，走好此后的人生路。

故事链接

倒霉蛋的逆袭

一个初中生因家里没钱继续供他上学而辍学回家，帮父亲耕种三亩薄田。在他 19 岁时，父亲去世了，家庭的重担全部压在了他的肩上。他把一块水田挖成池塘，想养鱼。但当地的政策规定水田不能养鱼，只能种庄稼，他只好又把水塘填平。听说养鸡能赚钱，他将三亩薄田卖了 500 元钱，养起了鸡。但是鸡得了鸡瘟，几天内全部死光。他后来酿过酒，捕过鱼，甚至还在石矿的悬崖上帮人打过炮眼……可都没有赚到钱。他还想搏一搏，就四处借钱买了一辆手扶拖拉机。不料，上路不到半个月，他驾驶拖拉机不慎掉进河里，断了一条腿，拖拉机摔成了废铁。所有的人都说他这辈子完了。

后来，他成了当地唯一一家上市公司的老总，资产上亿元。许多人都知道他苦难的过去和富有传奇色彩的创业经历，许多媒体采访过他，许多报告文学描述过他。记者问他："面对一次又一次的苦难，你为什么能够毫不退缩？"他坐在豪华的办公室里，把握在手里的玻璃杯摔在地上，杯子掉到地上发出清脆的声音，但完好无损。他说："我就像这杯子，是摔不碎的钢化玻璃制成，经得起摔打与历练。"

咸鱼翻身

漫画剧场

都快十点了还不起床！
我昨天考试失利，心情不好。
没考好更不能睡懒觉！
轩轩真用功，值得表扬。
唉，不及格有什么好表扬的。
遇到失败不要气馁，逆境是翻身的最佳时机。
好！我要咸鱼翻身了。

智慧问答

稻盛先生，一个人经历的挫折过多，就会产生无助感，从而悲观失望、怨天尤人，您为什么却说逆境是翻身的最佳时机呢？

首先，逆境能增长人的经验与知识。当我们发现这条路走错了，就会思考为什么会出现这样的问题，于是我们人生的见识以及经验就更丰富了。

这算是逆境能够锻炼人的一个好处吧，还有吗？

其次，逆境有助于刺激我们的潜能。在路上有了风险、挑战，才会激发我们表现出自己也想象不到的种种能力。从心理学上来看，孩童在学习的过程当中，如果老师对其在高于预估能力的水平上提出挑战，其发展结果往往会更好。

我如果遭遇了巨大的挫折，就会心灰意冷，产生自卑心理，应该怎么办呢？

你应该学会正视挫折，驾驭挫折，战胜挫折。你要在克服逆境、做出努力的同时，根据目的做出相应的自我调整。

自我修炼课堂

1. “顺境最易见败行，逆境最易见美德。”对培根这句名言理解不正确的是（　　）。

A. 如果我们身处顺境，一定会沉沦

B. 如果我们身处逆境，会培养起坚强的意志品质

C. 逆境可能对人产生积极的作用，使人成功

D. 顺境可能对人产生消极作用，对人的成长起负面影响

2. 德国哲学家尼采说过：“杀不死我们的，只会使我们更强大。”对这句名言理解正确的是（　　）。

A. 身处逆境，就定能成就伟业

B. 只有聪明的人才能走出逆境

C. 逆境比顺境更能成才

D. 逆境是磨砺，是有益的促进和砥砺

3. 阅读名人逆境成才的故事，谈谈自己的感悟。

____

____

稻盛和夫箴言：

成功路上，无法预料的挫折一个接着一个地出现，我们应该用坚毅的精神从挫折中汲取营养，从失败中吸取教训，从而获得最后的成功。

抛却妄念，探求单纯且强有力的信念

妄念就是不切实际或不正当的念头。人生在世，时时刻刻像走在荆棘丛林，每一步都可能遭遇危险或者诱惑，只有不动妄心，不存妄想，才能使自己的行动无偏颇，从而有效规避风险，抵御诱惑，提高身心修养，锻造出美丽的心灵。

人类很聪明，但在面对种种诱惑时又非常不理性。很多时候，我们都在乐此不疲地追逐金钱、地位、名利这些自己认为重要的东西。有时，我们会为获取个人利益而动起不正当的念头，最终毁了自己的大好前程。有时，我们会因无法抵抗糖衣炮弹和用鲜花伪装的陷阱的诱惑，而在不觉中落入圈套。

因此，人类不仅要聪明，还需要用理智来战胜自己的贪欲，应该抛却妄念，磨砺灵魂，努力生活，靠拼搏获得成功。不管是高高在上的大人物，还是默默无闻的小透明，都应该以自己的方式创造人生价值。每个人都有权利拥有美好的愿望和理想，无论高贵还是平凡，都应该不怨天、不尤人、不放弃，顽强地奋斗，贡献自己的力量与价值。

故事链接

农夫与三个小偷

一个农夫进城卖驴和山羊，引起了三个小偷的注意。第一个小偷说："我去偷羊，叫农夫发现不了。"另一个小偷说："我要从农夫手里把驴偷走。"第三个小偷说："我能把农夫身上的衣服全部偷来。"

第一个小偷在道路的转弯处悄悄地走近山羊，然后把羊牵走了。农夫环顾了一下，发现山羊不见了，就开始寻找。这时，第二个小偷走到农夫面前，说："我见到一个人牵着一只山羊向这片树林里走去了。"农夫恳求小偷帮他牵着驴，自己去追山羊。第二个小偷趁机把驴牵走了。农夫从树林里回来一看，驴子也不见了，就在路上一边走一边哭。走着走着，他来到池塘边，看见一个人坐那里也在哭，这是第三个小偷。小偷说："我的一口袋金子掉到水里去了，我不会游泳，谁帮我把金子捞上来，我就送他二十锭金子。"农夫大喜，脱下衣服，潜到水里，当他从水里爬上来时，发现衣服不见了。原来是第三个小偷把他的衣服偷走了。

农夫丢了山羊和驴，又因为妄念丢失了衣服。

漫画剧场

抵抗诱惑

别走嘛，再陪陪我嘛。
不不不，我要抵御住睡懒觉的诱惑。
去吃冰淇淋吧，我请客。
不，我要抵御住美食的诱惑。
走，踢球去！
不，我要抵御住玩乐的诱惑。
诱惑太多了，还好我抵御住了。

智慧问答

轩轩，生活中充满了形形色色的诱惑，你在学习和生活中遇到过哪些诱惑？

稻盛先生，我们现在面临的诱惑太多了，美食的诱惑、玩具的诱惑、电子产品的诱惑，真的很难抵御呢。

是的，我们在生活中难免受到诱惑，产生各种妄念。面对诱惑，我们一定要摆正心态，抵制诱惑，不要落入陷阱与圈套。

但是，糖衣炮弹和用鲜花伪装的陷阱的诱惑力实在太强了，应该怎么识别和抵抗呢？

要知道天下没有免费的午餐，我们一定要用理智驾驭自己的贪欲，抛却妄念，提高内心的层次，学会分辨陷阱。

稻盛先生，我一定时刻保持理智，抵别诱惑！

自我修炼课堂

1.（　　）是人的精神世界的核心，是人精神上的“钙”。

A. 思想道德　　B. 道德素质　　C. 理想信念　　D. 人生价值

2. 居里夫妇发现了镭，他们之所以取得巨大成就，与他们的性格特点有必然联系。其主要方面是（　　）。（多选）

A. 有坚忍不拔的精神

B. 有强烈的自信，相信对每一种事情都具有天赋的才能

C. 耐心集中在一个目标上，固执、勤奋地工作

D. 温和、沉静的性格

E. 坚持纯粹的科学研究理念，不谋求物质上的利益

F. 追求安静的生活，免受人事的侵扰和盛名的负累

3. 请说一说你在生活中受到哪些诱惑，应该如何抵御诱惑？

____

____

稻盛和夫箴言：

人生的旅途存在着很多诱惑，我们应该培养坚强的意志力来排除思想中的妄念，选择正确的道路。

苦难是淬炼心性最好的机会

每个人都是被上帝咬了一口的苹果，没有苦难的人生不是完整的人生。稻盛和夫曾经说过："人生在世，往往苦大于乐。"如果我们把苦难看作考验，看作磨炼灵魂的机会，那么就应当认识到，所有的苦难都是上天为了塑造我们的意志而赋予我们的机会。

稻盛和夫小的时候，家中的叔叔染上了肺结核。他非常害怕自己也被感染，于是每次路过叔叔的房间，都会用毛巾捂着鼻子，快速跑过去。结果日夜陪护叔叔的哥哥和父亲安然无恙，反倒是最小心的稻盛和夫被传染。

小稻盛和夫得病没多久，战争爆发了。居民区被飞机炸得稀巴烂，人们纷纷往山里逃亡。病怏怏的稻盛和夫认为自己活不长了，面对别人避之不及的轰炸，反而毫无畏惧。在逃命路上，他冒着轰炸主动去帮扶那些行动不便的人。没想到，不仅炸弹没炸到他，他的肺结核还奇迹般地自愈了。稻盛和夫不禁感慨道：要想具有优秀的人格和幸福的人生，就应该勇敢地接受考验、战胜苦难。

故事链接

历尽苦难的明治维新元勋

日本明治维新的元勋西乡隆盛是一位充满传奇色彩的人物。稻盛和夫从小就敬仰西乡隆盛，把他看作大英雄，创业后把其格言“敬天爱人”奉作社训，挂在办公室里。

西乡隆盛经历过各种各样严酷的考验，他小时候毫不出色，甚至有点儿窝囊，经常遭受小伙伴的欺辱。发动明治维新前，西乡隆盛与志同道合的挚友因参与政治运动失败而一同赴死，跳进鹿儿岛附近的海里，但西乡被海浪冲回到岸边，被渔民救起。被救生还的西乡承受着痛失挚友的痛苦。西乡因得罪主君被两次流放荒岛，特别是第二次流放，他被流放到远离故乡的永良部岛，每日被囚禁在狭小的牢房内，过着悲惨的生活。西乡把这种苦难当作促使自己成长的动力，他刻苦钻研学问，磨炼自己的心性。当结束流放后，西乡成长为明治维新的核心人物。

西乡隆盛在遭受苦难时，既不屈服于苦难，也不怨天尤人，而是直面苦难，不懈努力，经过人生的多种考验，最终快速成长为优秀的人物。

漫画剧场

轩轩受难记

轩轩，你来回答这个问题。
这个，呃……
啊！
别动，好，夹出来了。
啊——
祸福相依，恭喜你经受住苦难的洗礼！
今天真是受苦受难的一天，我太倒霉了。

智慧问答

稻盛先生，您的童年真是太多灾多难了，命运对您太不公平了。

轩轩，我并不认为我的命不好，也并不认为童年的经历是苦难，这些恰恰磨炼了我的心性，为我的人生打下了好的基础。

稻盛先生，您说“没有苦难的人生是不完整的”，这一点我不认同，如果可能，所有人都希望自己能避开苦难，一生顺利。

是这样的，但是，人生在世往往苦大于乐，苦难几乎是无法躲避的。既然避不开、躲不过，我们就应该勇敢地面对苦难，把苦难当成磨炼自我的机会。

遭受苦难的过程实在是太痛苦了，如果我遇到苦难，就会认为自己的命不好，抱怨老天太不公平。

祸福相依，苦难的背后总是潜藏着无限的机会。很多时候我们的眼睛欺骗了我们，在抱怨上天的时候，我们并不知道，穿越苦难的层层阻碍，突破苦难设置的道道关卡，就会看到柳暗花明又一村的美景。

自我修炼课堂

1. “人生难免有苦难”，下列说法不能表明这一观点的是（　　）。

A. 自古英雄多磨难　　B. 人生不如意十有八九

C. 心想事成，万事如意　　D. 人生道路是曲折的

2. 场景一：学生小张参加数学考试，因一道题没解出来，一怒之下把试卷撕得粉碎，离开了考场。

场景二：学生小王在一次期中考试时，本属自己强项的数学考砸了，他难过得流下眼泪。试卷发下后，他冷静地分析原因，认真地把试卷重新做了一遍。为了加深印象，他还在笔记本上记下了做错的题目及原因，用来鞭策自己。

（1）以上两位同学受到了什么挫折？

（2）他们对待挫折的态度和方法谁对谁错？为什么？

（3）两种对待挫折的不同态度和方法，会产生什么样的结果？

____

____

稻盛和夫箴言：

苦难是人生的必修课，它为我们提供了一个磨炼自己的机会，挫折和苦难往往能够淬炼人的心性、锻炼人的意志、提高人的能力。

奋斗为人生增添色彩

人生是一个为自己创造的过程，人生的灯塔以个人的努力为能量，越奋斗灯越亮。人生是一本厚重的自传，只有亲身努力奋斗才能完成自己人生的这部著作。奋斗就像漆黑夜空中的点点星光，幽谧山谷中流淌的一泓清泉，使人获得快乐和满足，让受挫的人重新昂扬斗志。

稻盛先生认为，人生是一个奋斗的过程。我们生活一天，就要奋斗 24 小时；生活一分钟，就要奋斗 60 秒。奋斗使人生更多彩，同时能够锻造出一个人的高尚人格。人生在于奋斗，奋斗获得成功，三者紧密地联系在一起，奋斗因成功而有力，人生因奋斗而精彩。

每当稻盛和夫看到经受暴风雨洗礼之后顽强生长的小草时，敬佩之情油然而生。小草在风雨过后总是勇敢地挺起腰杆，从不屈服，拼搏中透露出一种不屈的品格。我们也应该学习小草的奋斗精神，勇敢地面对人生中暴风雨的洗礼，为了实现自己的理想而奋斗，为自己的人生增添色彩。

故事链接

没有四肢的生命

1982年年底的一天，一个婴儿在墨尔本的一家医院降生，这是一个没有四肢，只在左侧臀部下长着一个带着两个脚指头的小“脚”的畸形儿。这个孩子艰难地成长，他常常望着天空，感觉自己就像一只没有翅膀的鸟儿，根本无法飞翔。

6岁的时候，在父亲的耐心教授下，他学用电脑打字。他望着自己那丑陋的脚趾，暗暗地想：这就是我的翅膀。他开始慢慢挑战自己。他残缺的左“脚”成了他的好帮手，不仅帮助他保持身体平衡，还让他学会了游泳。他不满足于只学会游泳，又学会了冲浪，他掌握了在冲浪板上360度旋转的高难度动作。之后，他更是学会了滑板、踢球和打高尔夫球等体育项目。他还获得两个大学学位，并且获得“杰出澳洲青年奖”。这些傲人的成绩是许多四肢健全的人都无法取得的。他就是澳大利亚著名的尼克·胡哲，“没有四肢的生命”组织创办人、著名残疾人励志演讲家。

人生不设限，纵使没有健全的四肢，只要敢于奋斗，也可以拥抱和奔跑；纵使没有鸟儿的翅膀，只要勇于拼搏，梦想也会长出翅膀。

漫画剧场

轩轩的奋斗

轩轩，你今天怎么起这么早？
我要抓紧时间奋斗了。
清晨的空气真清新，鸟鸣真悦耳。
我的电量用尽了。
唉，果然不出我所料！
我要奋斗，我真勤奋。
06:00

智慧问答

轩轩，你树立了奋斗的目标，执行得怎么样？

唉，我虽然知道奋斗很重要，成功的人生要靠拼搏来争取，但是奋斗真是太苦太难了，我坚持不下去啊。

不懈奋斗确实很苦很难，但也正因为这些苦和难，才让奋斗的过程更加精彩，奋斗的结果更加香甜。

稻盛先生，我以后不再把奋斗挂在嘴边，而是落实在行动上，不再半途而废了。

很好，奋斗使人生精彩，使人格高尚。不能因为奋斗很难，就选择安逸。有句话说得好：“事虽难，做则成；路虽远，行则至。”成功从不会从天上掉下来，更不会由别人送上门，人生唯有奋斗才能成功。

稻盛先生，我一定不辜负您的期望！

自我修炼课堂

1. 奋斗从改变懒惰之习做起，我们应该怎么做？（　　）（多选）

A. 坚持早睡早起　　B. 树立远大的人生目标

C. 高度自律，约束自己的言行　　D. 秉持积极向上的生活态度

2. 你认为奋斗很苦很难吗，这体现在哪些方面？

____

____

____

3. 稻盛和夫钦佩经受风雨洗礼的小草是因为（　　）。（多选）

A. 小草坚忍不拔　　B. 小草顽强生长

C. 小草不畏艰难　　D. 小草勇敢不屈

4. 收集与阅读名人的成功故事，分析奋斗对成功的作用。

____

____

稻盛和夫箴言：

无论你的梦想有多大，只要你对它充满信心并付出努力，神就会在你身边。

以谦虚受教的心修炼自己

每个人的知识和见识都是有限的，阅读和学习他人经验，可引领我们走向人生的成功。

水向下流汇成了江河湖海，而被称为经营之神的稻盛和夫也总是以谦卑受教者的形象出现在人们面前。稻盛和夫是一个热爱学习的人，他认为学习是提升自己、完善自己的途径，读一本好书就像与一位智慧的老者交谈，给人带来精神上的激励和全新的体验。一个人无论取得多大的成就，都应该保持“受教者”的谦卑姿态，这是稻盛和夫用自身的实际行动告诉我们的道理。

稻盛和夫一直信守“谦受益”这句格言，认为不论自身拥有什么、拥有多少、拥有多久，都是非常渺小的。人们往往在取得成功、地位上升之后变得傲慢，有时候权力与财富会使人道德沦丧，骄矜自大，惯于以高傲的姿态面对众人。在这种人的领导之下，一个团队或许能获得短暂的成功，但绝对不会长久。而谦虚受教的态度才是人生中非常重要的动力，才能促进人生的成功。

故事链接

博士生落水

一个博士生被分到一家研究所，是那里学历最高的人。有一天，他到单位后面的小池塘去钓鱼，他的左右两边分别是正在钓鱼的正、副所长。博士生骄矜地对两位所长微微点头，自认为与这两个本科生没有共同话题。

不一会儿，正所长放下钓竿，伸伸懒腰，跨了几步就从水面上健步如飞地走到对面上厕所，博士生惊讶得张大了嘴巴，正所长上完厕所回来又大步从水上飞回来了。过了一阵，副所长也大跨步地飘过水面上厕所。这下子博士生更惊得差点昏倒，但他只是暗暗在心里琢磨，不愿意开口询问。

又过了一会儿，博士生也内急了，盯着对面的厕所良久，心想："本科生能过去，我博士生更能过。"也起身往水里跨，只听"哗啦"一声响，博士生倒栽葱一般跌进水里。

两位所长将他拉出来，博士生终于开口问了："为什么你们可以走过去呢？"两所长相视一笑："这池塘里有两排木桩子，由于这两天下雨涨水正好在水面下。我们都知道这木桩的位置，所以可以踩着桩子过去。你怎么不问一声呢？"

漫画剧场

虚心受教

这里应该画一条辅助线……
好啦，我会啦。
洗袜子要先打肥皂再用力搓！
好啦，我会啦。
制作PPT要先定一个主题。
好啦，我会啦。
你一点儿都不谦虚，这样怎么能进步呢？
我知道错了。

智慧问答

稻盛先生，在别人眼里，您已经是一位博学多识的专家，为什么还要坚持学习呢？

我认为学习是提升自己、完善自己的途径，读一本好书就像与一位智慧的老者交谈，给人带来精神上的激励和新的体验。一个人不管多忙，不管身在何处，都应该挤出一点儿时间来读书，并从中有所感悟。

有些人在取得成功、地位上升之后就会变得傲慢，您为什么一直保持谦卑的态度呢？

不论自身拥有什么、拥有多少、拥有多久，都是非常渺小的。骄矜自大，姿态高傲会阻碍人的发展。而谦虚受教的态度才是人生中非常重要的动力，才能促进人生的成功。

如此看来，骄傲自大不可取，我应该虚心受教。

说得好，一个人无论取得多大的成就，都应该保持“受教者”的谦卑姿态。

自我修炼课堂

1. 故事中的博士生为什么会跌进水里？

____

____

____

2. 以谦虚受教的心修炼自己有哪些途径？（　　）（多选）

A. 读好书　　B. 向智者求教

C. 以谦卑的人为榜样　　D. ABC 都是

3. 请分别列举谦卑的益处和骄傲自大的坏处。

谦卑的益处：______________________________

____

骄傲自大的坏处：______________________________

____

____

稻盛和夫箴言：

伟大的人尽管功成名就，也往往会保持一颗谦卑的心；越懂得以谦卑的心修炼自己的人，往往越容易接近成功，越能够成就伟大。

摆脱私欲的缠绕，学会感恩

人活在世上，总有各种各样的私欲，作为一个社会人，我们不可能没有私欲。追求更舒适的生活并没有错，但关键是要适度。如果把持不住自己的私心，放纵自己的欲望，生活将变成解不开的一团乱麻，结果必定是后患无穷。

稻盛和夫指出，人们可以适度满足自己的私欲，但不能让欲望之心泛滥，因为贪欲会让人不断向生活和他人索取，过度沉溺于贪欲会吞噬自己原有的幸福。因此，我们应该学会控制自己的私心和欲望。

现代人脚步匆匆，流连世俗，贪恋于个人私欲与索取，而忘却了感恩。在稻盛和夫看来，活着就是一件值得感恩的事情，我们每天呼吸着新鲜的空气，享受着和风细雨，应该存有一颗感恩的心，学会感谢。我们对一切赖以生存的事物都要说“谢谢”，有了这样一颗能够感受到幸福的感恩之心，才能让自己的人生更加丰富，才能活得更加滋润。稻盛和夫就是一个怀有感恩之心、懂得感谢的人。感恩之心是一种财富，我们要牢牢把握住这个财富，并让它绽放出最耀眼的光芒。

故事链接

卡耐基母亲的感谢

美国费城的午后，倾盆大雨瞬间落下。一位老妇人浑身湿淋淋地走进费城百货公司。售货员们看着老妇人穿着简朴的衣裙，认为她不是顾客，大都流露出一脸嫌弃的表情。只有一位叫菲莉的年轻售货员走过来，诚恳地对老妇人说："夫人，我能为您做点什么吗？"老妇人尴尬地笑一笑说："我就在这儿避一避雨，马上离开。"菲莉仍然面带微笑礼貌地说："夫人，您不必着急，我给您搬一把椅子来，您坐下来休息一会儿。"两个小时后，雨过天晴，老妇人向菲莉道谢并要了一张名片，然后步履蹒跚地走向了彩虹的方向。

没过多久，费城百货公司的总经理收到老妇人写来的一封感谢信。原来这位老妇人就是当时美国亿万富翁"钢铁大王"卡耐基的母亲。信中老妇人表达了对菲莉的感谢，并指名要让菲莉去苏格兰完成一大笔订单，还让她承包下卡耐基家庭企业的办公用品的采购。经理粗略一算，只这一封信带来的利益就相当于百货公司两年利润的总和。为了让卡耐基的母亲看到诚意和重视，费城百货公司董事会一致通过，破格将菲莉提拔为公司的合伙人。

在随后的几年里，菲莉以自己的努力，成了卡耐基的左膀右臂。

漫画剧场

两块蛋糕

等哥哥放学回来，你们一起吃蛋糕。
好的，妈妈。
蛋糕真诱人，我现在就想吃，把自己的那块吃了吧。
一块不过瘾，我还想吃。
妈妈，七月把蛋糕都吃光了。
七月，你要学会控制自己的欲望。
我知道了。

智慧问答

七月，你不等轩轩放学回来，自己把两块蛋糕都吃了，你觉得自己做错了吗？

稻盛爷爷，我知道错了，但是蛋糕太诱人了，我实在禁不住诱惑。

嗯，七月很诚实，但是你要明白，放纵自己的欲望是很可怕的，你听过渔夫和金鱼的故事吧？

我听过，故事里的老太婆非常贪心，她先是想要一个木盆，接着要新房子，然后想当贵妇，甚至想要当海上女皇，让金鱼当她的奴仆。结果惹得金鱼发怒，被收回了一切。

那么，你从这个故事中明白了什么道理呢？

这个故事告诉我，追求好的生活并没有错，但关键要适度，贪欲过度的结果必然是一无所获。稻盛爷爷，我以后一定会抵制诱惑，不独吞美味的蛋糕！

自我修炼课堂

1. 你认为私欲包括哪些内容？（　　）（多选）

A. 利益　　B. 名气

C. 权力　　D. 外表

2. 你认为自己有私欲吗，表现在哪些方面？

思维方面：________________

行动方面：________________

价值选择方面：________________

3. 你认为像七月这样的儿童应该如何控制私欲？

____

____

4. 你在生活和成长中受到过哪些帮助，应该如何感恩？

____

____

稻盛和夫箴言：

凡事都要先摆脱私心的缠绕，多一分无私，少一分贪欲，那么生活必定会朝着有阳光的地方前进。

正视自己的短板，改正自己的缺点

“金无足赤，人无完人”，其实每个人都不是完美无瑕的，既有优点，也有缺点。我们不能只盯着别人的缺点却不欣赏别人的优点，更不能只看自己的优点，不敢正视自己的缺点，否则，我们将陷入自我满足的状态，无法超越自我。

古希腊神话中说，造物之神在造人的同时，在每个人的身上挂了两个布袋，挂在身前的布袋里装着别人的缺点，挂在身后的布袋里装着自己的缺点，所以人们总是看不见自己的缺点，却能很快发现别人的缺点。

一个人有缺点并不可怕，可怕的是没有正视缺点的勇气和改正缺点的行动。在稻盛和夫看来，正视自己的缺点既需要勇气也需要行动，如果对自己缺点的认识只停留在表面而不采取行动来改变，那么缺点还是缺点，会成为限制自己发展的短板。稻盛和夫是一个敢于正视自己缺点的人，他认为，人们应该勇于并乐于接受自己身上存在缺点这个事实，只有这样才能卸下伪装，改正缺点，才能有动力更加大步地向前迈进。承认缺点是前提，改正缺点才是核心与关键，只有勇于承认和改正缺点，才能迎来人生中的朝阳。

故事链接

擦净自己的窗户

有位太太每天都隔着马路望着对面的阳台生气，她认为对面一定住着一个邋遢又懒惰的人。太太不断向隔壁的主妇抱怨对面的人太懒惰：“那个人永远洗不干净床单和衣服，看，她晾在阳台上的床单总留着污渍，衣服总是有斑点，我真的不理解，她怎么连洗衣服都洗成那个样子。”听这位太太抱怨的多了，邻居主妇也看向对面，但是她并没有看到所谓的污渍和斑点。有一天，这位明察秋毫的邻居主妇来太太的家里，她眯起眼睛看向对面，又仔细地观察太太家的窗户，发现了问题。邻居主妇拿了一块抹布，把这个太太家窗户上的灰渍抹掉，才发现原来不是对面的衣服洗不干净，而是这位太太家的窗户上有污渍和斑点。邻居主妇说：“看，这不就干净了吗？”这位太太羞红了脸，不好意思地低下了头。

看到别人的缺点往往很容易、很清醒，但能清醒地看到自身的缺点很难。所以，我们应该把身上的布袋调换一下，将装自身缺点的布袋挂在胸前，而将装他人缺点的布袋放在身后，这样我们能及时改正自己的缺点，也能对别人更宽容。

漫画剧场

互挑毛病

妈妈，七月不吃青菜。
七月，不可以挑食喔。
轩轩，吃饭要荤素搭配！
妈妈，哥哥光吃菜，也挑食。
看我，荤素都吃，营养搭配！
爸爸吃得太多了！
呃！
你们三个都只看到别人的缺点，看不到自己的缺点，这样不好。

智慧问答

轩轩，你从造物之神造人的古希腊神话中得到什么启示？

每个人都有自己的优点和缺点，但是大多数人都只能看见自己的优点和别人的缺点，对自己的缺点和别人的优点视而不见。

说得好，人有缺点是绝对的，而不断改正自己的缺点则是相对的。承认自己的缺点，并将缺点改正，人生将会迎来新的朝阳。

但是个人的缺点真的很难发现呀，我就认为自己学习不错，卫生也搞得不错。

人的确很难发现和正视自身的缺点，既然我们自己很难发现自己的缺点，那么就要虚心对待别人的看法和意见，不要把别人的批评、指正看成是挑毛病。

稻盛先生，我一定接受别人的批评和指正，改正自身的缺点。

自我修炼课堂

1. “挂在胸前的布袋里装着别人的缺点，挂在身后的布袋里装着自己的缺点”的寓意是（　　）。

A. 金无足赤，人无完人

B. 人们只盯着别人的缺点却看不见自己的缺点

C. 正视自己的短板，改正自己的缺点

2. 故事中的太太为什么认为对面一定住着一个邋遢又懒惰的人？

____

____

3. 正视和承认自身的缺点与改正缺点的逻辑关系是怎样的？

____

____

4. 我们应该如何改正自身的缺点？（　　）（多选）

A. 正视自身的缺点与短板

B. 接受别人的批评与指正

C. 改正自己的缺点

D. 以上全是

稻盛和夫箴言：

只要我们正视缺点、改正缺点，那么缺点就成了我们前进的动力，为我们提供了广阔的进步空间，如此缺点也会转化成亮点。

反省是整理心灵的庭院

人的一生在不停地奔波与追求，心灵也因太多沉重的往事而超负荷。在忙碌的生活中，有太多的不如意不顺心的事让我们心烦意乱、怨天尤人。因此，我们应该每天抽出一点儿时间来沉静与反省，让自己摇摆的心安静下来。内心的平静能够让思考更加深入、视野更加开阔，从而让我们看得更远，好的想法就会自然浮现，让我们有灵光乍现或豁然开朗的体会。

稻盛和夫曾说“要在悔悟中生活”，指的就是每天都真诚地进行自我反省。

稻盛和夫自创了每日反省法，就是每天面对镜子进行自我反省。他将每日反省的习惯保持了30年：每天早晨，他都会站在盥洗室的镜子前，面对镜中的自己，将前一天的事情如电影镜头一般在脑海中回放，回想自己是否有不当的言行，是否表现过傲慢的态度，是否犯了错误。若有，他就会对着镜子大声道歉。只要稻盛和夫在家里的盥洗室中，家人就不会去打扰他进行自我反省。

或许我们每个人自我反省的方法千差万别，但是，最重要的不是方法，而是我们是否真正明白自我反省的重要性，并能够坚持每日自我反省。

故事链接

夫差与勾践

吴王夫差即位之初，正当大敌压境，他尚能谦虚谨慎。伍子胥为了激励夫差报仇，安排侍卫在夫差院子里执勤，每当夫差出门，侍卫们都对着夫差高喊：“你忘记杀父之仇了吗？”夫差每次都回应道：“不敢忘！”在这种耳提面命的环境下，再加上伍子胥的辅佐，夫差以报父仇为己任，在战场上始终压越国一头，最终称霸于诸侯。但是这时的吴国貌似强大，实际上已经走下坡路了。

越王勾践被吴国打败后做了俘虏，每天都在反省自己失败的原因，发现自己的不足，不断总结，激励自己奋发图强，思考自己怎样才能再一次成为王者。在夫差一意孤行、肆意妄为的时候，勾践却在卧薪尝胆，苦心修炼，积蓄力量，终于战胜了吴国，成就了梦想。

夫差开始时能够反思吴国失败的原因，以报杀父之仇勉励自己，但在称霸于诸侯后，却贪图享乐，在吴越战争中先赢后输，最终一败涂地。而勾践忍辱在吴国做了三年奴仆，回国后，他每日尝胆反省，无时无刻不在谋划着自己的复仇大业，最终把夫差围困在姑苏山上，成为春秋最后一个霸主。

漫画剧场

面壁思过

你们两个又不交作业，去面壁思过。
他们怎么还走出了胜利的步伐！
唉，不知反省与悔改。
为什么思过要面壁呀？
可能是站累了可以靠一会儿。
让你们面壁反省自己的错误，不是让你们聊天！
知道了。
是的，是的。

智慧问答

稻盛先生，您无论做人还是做事都很成功，那么您成功的秘诀是什么？

其实，我也不是完美无缺、不犯错误的人，30多年来我每日坚持自我反省，这种习惯就是我成功的秘诀。

稻盛先生，一个习惯能够坚持30多年，的确非常难得，那么，您每日反省的内容是什么呢？

我会把前一天经历的事情像放电影一样在脑子里过一遍，反省自己的言行是否有过失，以及态度和思想上是否犯了错误。

看来，养成每日反省的习惯真的非常重要，我以后也要将自省作为每天的必修课。

轩轩真棒，每日的反省能够帮助我们拔除心灵的杂草，一旦有了不好的念头或做了不好的事情就立即改正，你会发现自己心灵的庭院成为开满鲜花的乐园，将会迎来成功的人生。

自我修炼课堂

1. 你认为每日反省的内容包括哪些？（　　）（多选）

A. 反省思想和言行的错误和不足

B. 反省正确的观念和做法

C. AB 都是

2. 坚持每日反省很困难吗？说出你的看法。

____

____

3. 根据实际情况，完成每日反省打卡，坚持一个月，看看会有什么效果。

星期一	星期二	星期三	星期四	星期五	星期六	星期日
1	2	3	4	5	6	7
8	9	10	11	12	13	14
15	16	17	18	19	20	21
22	23	24	25	26	27	28
29	30	31				

稻盛和夫箴言：

在每天的自省中，不断修正错误的、巩固正确的，将心灵庭院中的杂草一一拔除，播种正确积极的思想和善良的种子。

成长篇

现代青少年在成长的过程中，经常会感到迷茫和困惑，因此需要一些富有智慧和启示的建议，来指引他们走出困境。稻盛和夫先生是一位备受尊敬的智者，他的人生经验和成功哲学，为青少年提供了宝贵的指引。他说，即使生活看起来很平凡，只要孩子们用心去经营，努力去成长，就可以成为非凡的人。这并不是说要做出一些惊天动地的事情，而是要孩子们用积极的态度去面对生活，去追求自己的梦想和目标。只有这样，孩子们才能真正活出自己，让生命绽放出最美丽的光彩。

每天进步一点点

坚持就是力量，如果每天都设法努力改善一些事情，虽然短期内看不到明显的效果，但一天一天积累下来，成就必然非常可观。这世上从来都没有一蹴而就的成功，也没有横空出世的高手。不管一个人的能量是强还是弱，不管现在的起点有多差，只要坚持不懈地努力，我们都可以成为时间的朋友，时间也会见证我们的努力与成长，我们迟早能逆袭成为人生赢家。

稻盛和夫早年在分公司培训的时候，碰到过一个工人。这个工人只有初中学历，生性笨拙，一个简单的操作都需要师父手把手地教他好几遍，有时候，旁边的同事都看不下去想上前亲自动手。可 20 多年后，稻盛和夫竟在总公司的高层会议上再次见到了那个工人，这时，他已经成长为事业部部长。那个工人的师父解释说，他虽然学得慢，但从不放弃精进。他手中有一个本子，里面记录了他需要学的技术。一个技术动作不会，他就不惜练习成千上万遍，直到娴熟掌握。就这样，每精通一项，他就划掉一项。靠着日积月累的进步，他才有了今天巨大的成绩。

故事链接

邮差薛瓦勒之理想宫

薛瓦勒是一名邮差，他每天的工作内容是步行为法国的一个小乡村的居民送信、寄信。有一天，他正匆匆忙忙地赶路，不小心被山路上一块石头绊倒了。他捡起石头仔细观察，发现这块石头形状很独特，他非常喜欢，就把这块石头揣在兜里带回家了。薛瓦勒向村里的居民炫耀这块漂亮的石头，别人却不屑地笑了：“这样的石头，山上有的是，你可以捡来盖房子了，哈哈。”说者无意听者有心，薛瓦勒将居民的话放在心上，他决定用美丽的石头建造一座和童话里一样动人的城堡。

从此，薛瓦勒白天推着独轮车送信、取信和捡喜欢的石头，晚上，他就成了一个伟大的建筑师，按照自己的愿望和思维来垒造自己的城堡。石头一块一块地捡，城堡一点一点地建造。就这样，在随后的几十年里，薛瓦勒的生活就是送信、搬运石头、堆积石头。有一天，村里人惊讶地发现，一座层层叠叠、错落有致的城堡出现在山野间。

现在，薛瓦勒的城堡成为法国著名的风景旅游点，它的名字就叫作“邮差薛瓦勒之理想宫”。当年绊倒薛瓦勒的那块石头上有一句话：“我想知道一块有了愿望的石头能走多远。”

漫画剧场

妈妈减肥

妈妈的肚子好软，真好玩。
唉，又长胖了，得减肥了。
这个月已经说三次减肥了。
大鸡腿真香。
妈妈你也吃。
我不吃，我减肥。
我明天一定瘦两斤。
哪有那么快！
肉是一点儿一点儿长的，也要一点儿一点儿地减。
哈哈。
嘻嘻。
一点儿也没减，秤是不是坏了！

智慧问答

妈妈又挨饿又运动，结果体重一点儿都没变，她都没有减肥的信心了。

你爸爸说得对，肉是一点儿一点儿长起来的，当然也要一点儿一点儿地减下去，如果一天就能减掉好几斤，要么就是身体出问题了，要么就是体重秤坏了。

我希望看到立竿见影的效果，比如努力学习就能很快提高成绩。

你这种想法要不得，努力是一个持续的过程，不能急于求成。不要想着今天播下种子，明天就开花结果，后天就收获果实。没有平时一点一滴的灌溉，没有日积月累的辛苦耕作，怎么可能有丰硕的果实。

那样谁还有努力的信心和动力呢？

每天进步一点点，虽然短期内看不到明显的效果，但一天一天积累下来，成就必然非常可观。时间是我们最好的朋友，它会见证我们的努力与成长，不会亏待任何努力付出的人。

自我修炼课堂

1. 急于求成有哪些弊端？（　　）（多选）

A. 降低效率　　B. 错误决策

C. 忽视过程　　D. 产生焦虑

E. 导致失败

2. 为什么说时间是我们最好的朋友？如何理解每天进步一点点？

____

____

3. 在花盆里种下一颗种子，每日观察植物的变化，并做记录。

观察时间	观察内容	观察到的现象	植株高度（厘米）	叶（花）的数量
	播种			
	生根			
	发芽			
	花蕾			
	开花			

稻盛和夫箴言：

每一种成功背后，必定有个“笨人”在持续地做着一件事：每天坚持学习，定期总结复盘，不断进行自我更新。

成为"自燃型"的人

物质有"可燃物""不燃物"和"自燃物"，稻盛和夫将人也分为三种类型：不燃型、可燃型和自燃型。不燃型：点火也烧不起来的人；可燃型：点火才能燃烧的人；自燃型：没人点自己就能熊熊燃烧的人。

那些在同龄人中升职加薪最快、成长进步最多的，往往都是能自我驱动、自我燃烧的人。

有两个实习生，同时入职了一家广告设计公司。一个勤勤恳恳，专注于自己的本职工作，从不插手别人的事；一个风风火火，好奇心特别重，经常多管"闲事"。三个月后，公司考核转正结果下来，部门领导出乎意料地留下了后者。原来，前者虽然能够完成本职工作，但都是敷衍了事，三个月来，毫无建树。而后者，由于多管"闲事"，除了本职工作，还把相关业务也梳理得清清楚楚，不仅能系统地总结公司业务，还能够对一些方案提出建设性意见。

一个人的态度，决定了他的人生高度。有些人做一天和尚撞一天钟，有些人会主动拓宽边界，提升自己。结果就是撞钟的和尚千千万，佼佼者万里挑一。

故事链接

热情燃烧成行动

乔布斯成就了苹果，热情成就了乔布斯。

1976年乔布斯与沃兹创立苹果公司，在创业过程中，乔布斯不断追求卓越，对产品细节要求非常严格，同时能够让团队成员发挥自己的优势和潜力。

乔布斯认为，热情是坚持与创新的关键，只有将自己内心的激情和热情燃烧成实际的行动，才能产出更优质的产品，才能够真正实现自己的梦想。这种将梦想化为现实的力量，正是驱动他不断创新和改进的动力。

乔布斯是一位非常具有影响力和感染力的领导者，他总是能够激发团队成员的热情和动力，让他们为共同的目标而努力。在乔布斯的带领下，团队战胜一次又一次的困难，攻克一个又一个的难关，不断将事业推向高峰。几十年如一日，乔布斯对于产品及其未来的热情从没有衰减过，他致力于苹果产品的更新换代以及产品性能和品质的不断提升，饱满的热情始终渗透在他的生活与工作中。

漫画剧场

热情的轩轩

谁能背诵《少年中国说》？
我，我，我！
美哉，我少年中国，与天不老！壮哉，我中国少年，与国无疆！
真不错。
背得一字不差，值得奖励！
奖励我跑800米吧，有劲没处使。
我还能再跑800米！
是个电动小马达。

智慧问答

轩轩，你认为三种类型的人哪种最优秀？

我认为自燃型的人最优秀，因为热情和激情是成事的基本品质。只有自身刻苦努力，并用热情和激情感染周围的人，才能带领团队不断开拓进取。

不错，那么，你认为自己是哪种类型的人？

我不是“不燃型”的人，因为我不会永远一副无精打采的模样，对什么都提不起兴趣。我觉得自己更接近于“可燃型”的人，容易受到周围事物的影响，总需要他人的指点和帮助。但我想努力成为“自燃型”的人，始终保持积极乐观的心态，热情洋溢地生活。

那么，你认为应该如何做才能成为“自燃型”的人呢？

我认为，成为“自燃型”的人必须要有强烈的愿望，下决心做好一件事，就会投入全部精力，逢山开路，遇水架桥，没有什么能浇灭斗志。这种自我驱动的能力，能让人一直保持前进的勇气，昂首挺胸地跨过每一个艰难的时刻。

自我修炼课堂

1. 你想成为哪类人？（　　）

A. 不燃型　　B. 可燃型

C. 自燃型　　D. 其他

2. 请总结三种类型人的性格特点。

自燃型：________________

可燃型：________________

不燃型：________________

3. 地球物理学家黄大年像火炬一样，燃烧了自己，为祖国和人民无私奉献了所有光和热。请了解黄大年的事迹与贡献，试着分析黄大年的人格类型和性格特点。

____

____

____

稻盛和夫箴言：

成为自燃型人物的最佳手段是热爱生活，有爱才能热，温度足够高才能燃烧起来，燃烧会发出更多的光和热。

具备"归零"的能力

万事万物，都有一个螺旋式上升的过程，不断地回归，又不断地更新，每一次突破都源于之前的归零，像冬天万物暂停生长，自己归于原点，酝酿着春天的鸟语花香、青草绿树。人生也像时钟一样，到了子夜就要"从零开始"，只有归零，才会有新的周期与辉煌。归零是从头开始，杯子倒空了，才能装水。攥紧拳头，手里什么都没有；张开双手，就会拥有整个世界！

稻盛和夫相信："一个人要想成功，不需要坚持固定的形式，而应该具备一种特殊的战斗力，即一次又一次'归零'的能力。"归零能力是指能够放下过去的成就和辉煌，重新出发的能力。只有不断放下过去，才能拥抱未来，不断挑战新的高度。无论一个人曾经多么成功，如果他不能回到零，就容易失去他曾经的激情和专注，那么他就可能一败涂地。

归零的能力很重要，它是在不断创新、不断发现问题、不断改进低效的过程中实现的。只有不断将自己归零，才能永远对市场有敏锐的感知，也才能清晰地认识到自己想要实现的目标。

故事链接

赢得摔跤比赛的体操冠军

俗话说隔行如隔山，却有人在奥运会赛场上敢于挑战非自己擅长的项目，而且赢得了冠军，他就是卡尔·舒曼。舒曼在体操双杠项目上的表现简直完美无缺，曾经获得该项比赛的冠军。但是舒曼并不满足于过去的成就，他将自己一切清零，开始挑战古典式摔跤，这是他从未涉足过的领域。从零开始的舒曼坚持刻苦训练，经过长时间的高强度练习之后，这名身轻如燕的体操选手站在了古典式摔跤的比赛场地上。

首轮，舒曼面对的是奥运会的举重冠军斯顿·埃利奥特。可是出乎裁判和观众的预料，最终获胜的是以技巧和技术见长的舒曼。在决赛中，舒曼迎来了希腊运动员乔治斯·提斯塔斯，他也是一位举重冠军。奥运会体操冠军和举重冠军在古典式摔跤的决赛中碰面，两人之间的比赛进行了两天，让人吃惊的是体操冠军竟然获得了最终的胜利。

除了双杠团体赛和古典式摔跤冠军，舒曼还赢得了单杠团体赛和个人跳马的第一名。此外，他还参加了个人平衡木、单杠、鞍马、吊环、跳远、三级跳和举重的比赛。

漫画剧场

好汉不提当年勇

智慧问答

稻盛先生，大牙和小华太气人了，竟然说好汉不提当年勇，还说我沉醉于过去的成绩，不思进步！

他们说得对，你确实不应该满足于过去的成绩，而应该学习归零的能力，放下过去的成就和辉煌，重新出发，争取更上一层楼！

稻盛先生，您取得了那么多辉煌的成绩，难道您会放下所有的荣誉重新出发吗？

当然，成绩只能代表过去，如果不继续努力，就会被快速发展的时代抛在身后。我们绝对不能满足于过去的成绩，而停下前进的脚步。

这么说，我的确太自满了，我要向您学习，让自己具备归零的能力。

这就对了，人生也像时钟一样，到了子夜就要“从零开始”，只有归零，才会有新的周期与辉煌。

自我修炼课堂

1. 你认为达成了目标，取得了成绩之后应该怎么做？（　　）（多选）

A. 大肆庆祝　　B. 到处炫耀

C. 保持低调　　D. 放下成绩，重新出发

2. 关于归零的心态与能力，下列说法正确的是？（　　）（多选）

A. 归零意味着放弃一切，直接回到原点

B. 万事万物都是一个螺旋式上升的过程，不断地回归，又不断地更新

C. 归零能力是指能够放下过去的成就和辉煌，重新出发的能力

D. 归零意味着找回曾经的激情和专注，重新出发

3. 人生就像时钟，午夜就归零，重新开始。对此，请联系实际谈谈你的理解。

____

____

稻盛和夫箴言：

经营企业要想做大做强，不需要坚持固定的形式，而应该具备一种特殊的战斗力，即一次又一次“归零”的能力。

让善良自带“牙齿”

俗话说：“斗米养恩，担米养仇。”善良需要带着“牙齿”，过度的善良在别人看来一文不值，还会助长对方心里的恶。而自带“牙齿”的善良，看似狠心，却是真正的利他。

对他人伸出援手时，要保持理性。因为有善心，不一定就能办对事，盲目地帮助，不仅添乱，还会害人害己。面对该不该借钱给亲朋好友的问题，稻盛和夫分享了自己的做法：员工来向他借钱，他了解了事情的原委后，拒绝了对方的请求，却提供了加薪的机会，希望对方付出相应的努力，接受教训，直面困难。这位员工刚开始很失望，不能立刻解决问题，自然有怨气。但无奈之下，他只能接受这样的帮助。正是这次事件，成了他人生的转折点，此后他不仅还清了欠款，还因工作出色，成为了稻盛和夫的左膀右臂。

故事链接

老人与村民

很久很久以前，大海边有一个贫穷的村子，村子里的人每天食不果腹，日子过得非常艰难。

有一天，一位智慧的老人来到村子里。他看到村民们饿得面黄肌瘦、四肢无力，决定帮助他们走出困境。老人告诉村民们：“这大海就是一个天然的食物仓库，我可以教你们捕鱼的技巧。”

村民们听了非常高兴，老人开始教他们如何选择渔网的位置、合适的鱼饵和掌握捕鱼的时机等。开始的时候村民们很有热情，他们虚心学习，努力实践。

但是由于他们的技巧还不够熟练，只能捕到一些小鱼，与他们期待的海鲜大餐相差甚远。没过几天，村民们就失去耐心，开始三天打鱼两天晒网。又过了几天，村民们都不再去捕鱼，只等老人捕鱼回来分给大家。即便这样，村民还嫌弃老人捕的鱼不够多，不够新鲜。

村民们抢走了老人捕的鱼和捕鱼工具，把老人赶出了村庄。

老人离开时恨恨地说：“我好心帮助你们，你们却恩将仇报，你们就一直挨饿吧。”村民虽然抢了老人的工具却不会用，仍然难得温饱。

漫画剧场

善良的牙齿

小孩子聊天真有趣。
看我妈妈给我买的发卡，漂亮吧？
你别抢呀。
给我试试。
嗯？
不好看，给你！
善良也要有牙齿！
至于吗，小孩子要善良。
妈妈说，你必须向我道歉。

智慧问答

稻盛先生，今天的遭遇让我很伤心，我的发卡被小伙伴损坏了，小伙伴的妈妈还说我不善良，难道我不善良吗？

七月，别伤心！你并没有做错什么。我们从小要善良，但是在对他人善良时，也不要委屈了自己，过度的善良就是软弱。

稻盛先生，什么是过度的善良呢？

如果你的善良没有原则、没有底线，那就是过度的善良。善良如果没有底线，你就可能变成被欺压的对象。当善良失去原则的时候，你就助长了恶。

这么严重啊，那么我面对别人过分的要求应该怎么做呢？

首先要学会维护自己的正当权益，不要总是替别人考虑太多，而忘了自己。其次，要学会拒绝。面对别人的请求，不要碍于情面而勉强答应。没有边界的退让，只会让对方得寸进尺。

自我修炼课堂

1. 善良的牙齿指的是？（　　）

A. 冷漠，见死不救　　B. 心肠很硬

C. 泪点高，不易感动　　D. 坚持原则和底线

2. 一个惯偷经常去寺庙偷盗，前两次被抓后，老住持慈悲为怀，放过了他。第三次，老住持将惯偷送去了官府。众人不解，老住持解释说："我的善良不仅没有让他悔改，反而让他变本加厉。这时我就要采取行动了，这就是善良的牙齿，也只有这样，才能实现善良的价值。

（1）第一次抓住偷东西的年轻人时，老住持为什么不将其送官府？

____

（2）老住持一向以善为本，但是为什么最后还是让人把偷东西的年轻人送到了官府？

____

（3）那个惯偷被送往官府，他心里会怎么想呢？

____

稻盛和夫箴言：

当自己的能力不足的时候，不要因为自己的怜悯之情，去对别人施舍恩惠，这样的善良叫作大恶。

傲慢自大遭人唾弃

在取得一定成绩后，人们常常会自我膨胀，傲慢起来，产生飘飘然的想法，认为自己是如此出类拔萃。做成一件事就认为全世界只有自己能做到，想到一个好点子就认为全世界只有自己能想到。

稻盛和夫认为，人一旦傲慢必定遭人唾弃。人一旦眼睛高于头顶、傲慢自大，就会开始松懈，离倒霉也就不远了。中小企业更易因经营者的骄傲自大遭遇危机。

京瓷规模不大时，稻盛和夫的内心也膨胀过。每当他志得意满之时，精神就会有所懈怠，工作也会随之出现纰漏。接连几次失误后，他猛然醒悟：陶醉于微不足道的成功，会妨碍自己的再成长。在反复的自我诫勉中，他努力放低姿态，坚持谦卑自守。

京瓷上市时，他没有傲慢地以个人名义出售股票，而是将这部分资金都回馈给了公司和下属。京瓷挺进世界500强时，外界称赞他经营有方，他笑笑说："这不是我一个人的成果。"稻盛和夫从不居功自傲，总是虚心听取他人意见，他非常认同中国的一句古话——"惟谦受福"。

谦虚之人，往往更容易得到命运的青睐。人自视过高，就会被优越感冲昏头脑，稀里糊涂地走上迷途，跌入陷阱。想要在人生路上行稳致远，就必须认清自己的局限，不断吐故纳新。

故事链接

高傲的小公鸡

森林里住着许多小动物，其中有一只小公鸡。这只小公鸡长得真漂亮。它那胭脂红的鸡冠就像镶嵌红宝石的皇冠，一双乌溜溜的小眼睛就像两颗闪闪发光的黑宝石，桔黄色的小尖嘴又小巧又灵活，最引人注目的还是那一身金灿灿、油亮亮的羽毛，就像披着一件锦缎彩衣，脚上穿着一双深红色的“小靴子”，脖子高高地昂着，让它看上去像一位高贵的王子。但是，小公鸡有一个缺点，它太高傲了。

一天，高傲的小公鸡在小河边慢慢地走着。它看见一只鸭子用脚划水，悠闲地一点一点地前进。于是，小公鸡骄傲起来，说：“这算什么，我也会游水！”鸭子看见小公鸡要下水，连忙对小公鸡说：“别下去，水很深！”可小公鸡根本听不进去，还是下去了。它一下水，身体就立即向下沉。它奋力地把头露出水面，喊道：“救命，救命，救……”

看到这个情景，鸭子赶紧游过去，把奄奄一息的小公鸡拖上岸。小公鸡漂亮的羽毛湿漉漉的，变成了一只落汤鸡，它羞愧地对小鸭子说：“我真后悔没听你的话。”从此，小公鸡再也不骄傲了。

漫画剧场

七月小公主

七月，快和周奶奶问好。
好好，七月真漂亮，像一个小公主。
周奶奶好。
那你坐车吧。
妈妈，我走不动了！
被夸奖也不能骄傲。
你说“公主，请上车”！
那你就自己走吧！
你不说我就不上车。

智慧问答

稻盛先生，您为什么说“高傲自大遭人唾弃”呢？

任何丰功伟绩都不可能由一个人建立起来。如果一个成功者骄傲自满，把功劳全都占为己有，肯定很难得到他人的信任和帮助，甚至为人们所厌恶，成为他人攻击的对象，所以还是谦虚为好。

难道取得成绩不值得庆祝、不值得高兴吗？

生活中不难发现这样的人：虽然思路敏捷、口若悬河、积极能干，但他讲话别人都不愿意听，做事也没人愿意合作。为什么？因为他表现骄傲、狂妄，言行举止盛气凌人，让人感觉不舒服，骄傲自满、自以为是的人往往会四处碰壁。

我明白了，取得了成绩也不能骄傲，而要保持谦虚。

不错，谦虚与骄傲是一对相互对立的性格，前者使人成功，后者使人失败。之所以如此，是因为谦虚的人常常以低姿态待人接物，这样既能得到强者的赏识，又能受到弱者的敬重；而骄傲的人常常自以为是，摆出一副孤高自傲、盛气凌人的姿态，这样只会遭到强者的鄙夷和弱者的愤恨。

自我修炼课堂

1. 一般来说，人的视线向上看表示？（　　）

A. 期待　　B. 盼望

C. 傲慢　　D. 理性

2. 有一天，德国大诗人歌德在公园里散步，正巧在一条狭窄的小路上碰上了一位反对他的批评家。那位傲慢无礼的批评家对歌德说："你知道吗，我这个人是从来不给傻瓜让路的。"歌德回答说："而我却恰恰相反。"说完闪身让路，让批评家过去。这个故事说明了什么？（　　）

A. 歌德是一个有幽默感的人，但具有庸俗的生活情趣

B. 有幽默感的人，能抓住生活中的有趣之处，分寸恰当地以诙谐的语言表达出自己的感受，化被动为主动

C. 高傲的批评家讽刺歌德，这是一种不道德的行为

D. 以上说法都对

3. 请你以"尊严"和"傲慢"分别作为上联和下联的开头拟一副对联，全文不超过 30 字。

横批：________________

上联：尊严________________

下联：傲慢________________

稻盛和夫箴言：

谦虚很重要，这并非只针对成功后骄傲自大的人，而是要求经营者在小企业成长为大企业的整个过程中，始终保持谦虚的态度。

失败并不可怕

世间纷繁，行走其中，谁都免不了会遭遇失败，然而失败并没有我们想象中的那么糟糕。如果刻意放大失败，它就是跨不过的海；如果淡然看开，失败就成了轻飘飘的烟，随风飘散。

年轻时的稻盛和夫，做任何事都不顺利，经常遭遇失败。那时稻盛和夫常常抱怨，认为自己是被上天遗弃的不幸的人，自己的人生也注定失败。然而在反复经历失败的打击后，稻盛和夫慢慢醒悟过来，原来这一切源于自己的心理状态。心境的变化使稻盛和夫走出了反复失败的恶性循环，他更加忘我地工作，良性循环随之开始。稻盛和夫终于明白，失败并不可怕，用自己的内心去克服它，将会赢得令人羡慕的成功。

对于有志青年来说，失败无非是成功路上的一块小石头，对付失败的方法就是，要么将它踢掉，要么从它身上跨过去。成大事者需要这种不怕失败、勇于挑战的气魄，唯有如此，失败才不会成为通向成功的阻碍，而是通向成功的跳板。

故事链接

失败庆典

1974年冬季的一天，华盛顿州立博物馆设计方案揭标仪式正在进行，三个大牌设计师联手与仅20岁的鲍勃·罗杰斯同台角逐。大多数人认为：朝气蓬勃的鲍勃一定会摘得桂冠。然而结果事与愿违，鲍勃·罗杰斯未能获得最终的胜利，评审组一致认为他的设计缺乏人文理念。

夜晚时分，失败的阴影笼罩着鲍勃年轻的心，他绝望得要发疯。他是个有朝气的设计师，由于设计华盛顿大学的礼堂而声名鹊起，一路走来，顺风顺水，夺得过许多大奖，但今天的失利使他在众人面前丢了脸。电话响了，是母亲的电话，她邀请他到一个咖啡厅里，说会给他一份惊喜。当鲍勃推开咖啡厅的小门时，他见到母亲衣着华丽地在门口等着他，还有很多迎宾小姐，她们纷纷上前来向他献花，母亲的身后，瞬间出现了许多熟悉的面孔。母亲说道："孩子，今天为你做一次失败庆典，你已经迎来了平生第一次失败，应该祝贺你，学会面对失败才能奋起直追，这是人生的必修课。"那晚，他无疑是整场庆典的主角，他要感谢母亲，用这样一种庆典告诉自己失败不是丢脸，不是丧失尊严，而是人生中宝贵的财富。

漫画剧场

失败乃成功之母

智慧问答

轩轩，你总把“失败乃成功之母”挂在嘴边，你明白这句话的真正意义吗？

我认为人生并不是一帆风顺的，人人都会经历失败。失败并不丢人也不可怕，没有必要因为失败而垂头丧气。

失败的确并不丢人、也不可怕，但是你并没有真正理解这句话的含义，而是把它当作原谅自己的借口，这样是不对的。

怎么不对呢，难道我要因为一次失败而一蹶不振吗？

并不是这个意思。你不吸取失败的教训，这才可怕。失败是一个宝贵的机会，它让我们认识到自己的不足之处，并激励我们变得更加坚强、聪明和有创意。如果失败了不反思，那么还会再次失败。

稻盛先生，我会记住您的话，正确面对失败，既不惧怕失败，也不轻视失败，而是把失败当作一次教训，从中总结经验，避免再犯错误。

自我修炼课堂

1. 下面的句子排列顺序正确的一项是？（　　）

①失败并不可怕，痛苦并不可怜，只有怯懦才是可悲的。

②失败是个未知数。

③经历失败，我们要勇于化痛苦为动力。

④那么，就有可能从“痛苦”这个“岔道口”找到通向成功的路。

A. ①②③④　　B. ①②④③

C. ②①③④　　D. ④③②①

2. 在通往目标的历程中遭遇挫折并不可怕，可怕的是因挫折而产生的对自己能力的哪种态度？（　　）

A. 质疑　　B. 狐疑

C. 疑心　　D. 鄙夷

3. 我们人人都有过失败，在遇到失败之后你会产生什么想法呢？你会如何面对失败呢？

____

____

稻盛和夫箴言：

我们所遇到的种种不幸和失败或许只是一个开始，如果我们能用自己的内心克服它，就会获得成功；如果不能，等待我们的将是更多的不幸和失败。

创新是指示成功方向的地图

稻盛和夫回顾自己走过的人生之路时感慨道："我从未涉足人们熟知并走惯的路，走昨天走过的路，或者重复别人走过的路，这与我的天性不符。我总是选择别人没走过的新路，一直走到今天。当然，这样的道路绝非平坦，因为需要自己去开辟。"稻盛和夫认为成功之路就是要干他人不想干的，做他人不曾想的。

在一次发布会上，记者问稻盛和夫成功的关键是什么？稻盛和夫毫不犹豫地回答："创新的思维。"京瓷公司创办初期，一度缺少订单，公司运转几乎陷入停滞。稻盛和夫专门挑那些其他公司接不了的订单来做，甚至还会主动向客户提出产品构想。实际上当时京瓷的技术根本无法做出这样的产品。稻盛和夫解释道："别的公司只接现有技术能做的，那我们就接不能做的。既然技术不够，那我们就反过来，用订单逼着我们研究新技术。"正是由于稻盛和夫的创新思维，京瓷赚到了第一桶金。

故事链接

牙膏的改革

有一家牙膏厂的产品，质量优良，包装精美，受到顾客的喜爱，厂家的营业额连续 10 年递增，每年的增长率在 10%～20%。可到了第 11 年，业绩停滞下来，以后两年也如此。公司召开高级会议，商讨对策。会议中，公司总裁许诺说：谁能想出解决问题的办法，让公司的业绩增长，重奖 10 万元。有位年轻的经理站起来，递给总裁一张纸条，总裁看完后，马上签了一张 10 万元的支票给了这位经理。那张纸条上写着：“将现在牙膏管的开口扩大 1 毫米。”消费者每天早晨挤出同样长度的牙膏，开口扩大了 1 毫米，每个消费者就多用 1 毫米宽的牙膏，每天的消费量将多出不少呢！公司立即更改包装。第 14 年，公司的营业额增加了 32%。

面对生活中的变化，我们常常习惯过去的思维方式。其实，只要我们善于运用创新思维，就能发现生活中的变化其实都蕴含着积极的一面，充满了机遇和挑战。

漫画剧场

不走寻常路

不好了，迟到了。
迟到的同学请家长！
怎么办，怎么办。
轩轩，你怎么从后门进来了？
您一直教导我们勇于创新，我这是不走寻常路。
你这不是创新，必须请家长！
我，我……

智慧问答

稻盛先生，您为什么不走昨天的路，也不重复别人走过的路？

因为我是技术人员出身，每天的单调重复并不符合我的个性。我抱有一颗探索之心，积极探求事物的本质和问题，我不但把创新精神作为对自己的要求，而且不断向员工提倡这种工作态度。

稻盛先生，您的创新能力是不是与生俱来的？

答案是否定的。创新能力是需要训练的，在每天的工作中，我们要经常思考：“有没有更好的方法呢？”同时，带着“为什么”的疑问，力求今天要比昨天好，明天要比今天好。对于交给自己的工作，我们要不断思考如何改进。这样反复钻研，工作就会逐渐展现出创造性。重复这样的过程，我们就能取得巨大的进步。

我明白了，需要注意培养创新思维，并且每天都要提醒自己、训练自己。

是这样的，即使每天的努力和钻研创新只带来微小的进步，但只要持续积累，无论是1年、5年，还是10年，最终的进步都将极为显著，取得的成果也将会是惊人的。

自我修炼课堂

1. 创新的重点是什么？（　　）（多选）

A. 拥有与生俱来的创新思想　　B. 如何打破创新的思想阻碍

C. 有一双擅长发现的眼睛　　D. 试试学会改变

2. 创新的目的是？（　　）

A. 为自己博得荣誉

B. 摆脱思想定式的约束

C. 为社会创造新的事物、新的方法、新的技术

D. 转变思想方向

3. 阻碍我们创新的根本原因是？（　　）

A. 知识贮备不足　　B. 遗传基因

C. 客观环境　　D. 定式思维

4. 判断题：传统思维并不是创新的最大障碍，我们必须在坚守传统思维的前提下进行创新。（　　）

稻盛和夫箴言：

成功之路就像小船航行于漆黑的大海之上，需要以创新作为正确的地图来指引，如果没有创新这张地图，小船就会在海上困顿迷航，不敢前行。

精益求精，以完美为目标

人的能力有无限延伸的可能。坚信这一点，面向未来，描绘自己的人生理想。在建立目标时，要设定超过自己能力上限的指标。你心中描画了怎样的蓝图，决定了你将度过怎样的人生。

稻盛和夫坦言自己是个完美主义者，一直以完美为目标无尽地追求。以完美为目标是一种理念、一种意识、一种作风、一种精神、一种积极对待问题的态度、一种精益求精的行为模式。

在平时的生活当中，要求自己做到事事完美着实困难，但是如果能把追求完美变成自己的第二天性，事情就会变得简单得多。事事力求完美，持之以恒地坚持下去，便能形成良好的习惯和品质。这种习惯和品质将会带领我们前行，就像发射一颗卫星上天需要非常巨大的能量，然而，卫星一旦进入了它的运行轨道，那么就不需要很大的能量便可以维持自身的正常运转了。

追求完美是不放过任何细节，向精益求精努力。细节影响品质，细节体现品位，细节更显示着人们对完美的追求。一旦发现某个细节存在缺陷，宁可返工，也不要放弃对完美的追求。

故事链接

追求完美的设计师

杰克是一个有梦想和热情的年轻人，他希望成为一个优秀的设计师。他成功应聘到一家著名的设计公司，这家公司以关注细节和完美主义而闻名于业内。

杰克在培训期间学习非常认真，很快被任命为一个重要项目的负责人，杰克想抓住这次机会崭露头角。这是一个豪华酒店的设计项目，杰克希望打造出一个独一无二的空间，让顾客在其中感受到舒适和奢华。他不断地完善自己的设计，关注每一个细节，从色彩搭配到家具的选择，都力求完美。然而，在项目进展到一半的时候，杰克的同事开始对他的设计提出了质疑。他们认为杰克过于关注细节，导致整个设计变得过于复杂，而且有些部分缺乏实用性和可行性。杰克仍然坚信自己的设计是正确的，但承诺会解决实用性和可行性问题。经过几个月的艰苦努力，杰克终于完成了项目的设计。酒店开业后，顾客们对酒店的设计和氛围赞不绝口。杰克的追求细节完美的精神使得这个项目获得了巨大的成功。

这个故事告诉我们，追求细节上的完美并不是一件容易的事情，但只有那些愿意为此付出努力的人，方能赢得最后的成功。

漫画剧场

细节决定成败

这节课我们来捏彩泥。
哎呀，先捏了再说。
知道了。
我要捏一个神通广大的孙悟空。
轩轩，你用的颜色不对。
没事儿，不要在意细节。
根本不像孙悟空。
差不多就行。
细节决定成败，你的作品不合格。

智慧问答

稻盛先生，在日常生活中，要求自己事事做到完美实在很难。您为什么以完美为目标呢？

很多事情是绝对不允许出现一点儿差错的，一旦出现问题那可能就会付出生命的代价。只有拥有一丝不苟、追求完美的心态，才能创造传奇，成就伟业。所以，我把追求“完美”作为企业的信条。

在您眼中，最佳就是完美吗？

“最佳”与“完美”有很大的区别，完美不是同别人比起来最好，而是带有很强的绝对性，自身要具备可靠的价值。我们的目标不是向“最佳”看齐，而是追求“完美”。

您说的完美包括每一处细节吗？

是的。一个企业只有对产品质量严格要求，重视每一个细节的完美，不允许产品的任何一个细节出现差错，一旦发现某个环节存在缺陷，宁可返工，也不放弃对细节的完美追求，方能做到基业长青。

自我修炼课堂

1. “人生不可能是尽善尽美的，我们也很难找到一朵完美无缺的花。虽然人体总的来说是左右对称的，可是这种对称远远不是精准的。每个人左右手的粗细不一样，一只眼睛比另一只眼睛更大或更圆，两个耳垂的形状也不同。最明显的，就是每个人只有一颗心脏，通常都在靠左的位置。”这段文字是一篇文章的开头，文章接下来最可能讲述的是什么？（　　）

A. 弥补不对称缺憾的诸多方式

B. 人生中的不完美也能转换为完美

C. 不对称也能产生和谐与平衡的美感

D. 人体产生不对称现象的生理基础

2. 完美是一个永恒的目标，尽管有可能永远都达不到，但我们也要努力做到最好，细节往往是成就丰功伟绩的前提。请试述细节的重要性。

____

____

3. 收集有关以完美为目标而获得成功的案例，和大家一起交流。

____

____

稻盛和夫箴言：

完美主义是那只最终决定个人成长和命运成败的看不见的手。

长期专注，使平凡变成非凡

太阳不知疲倦地照射着大地，但四散的太阳光没有力量，永远也不会在什么地方烧出一个洞或者烧着什么东西。只有光线透过一块凸透镜聚集在一起，才有可能融化坚冰，甚至把坚不可摧的钻石化为乌有。有很多人能力非凡，他们不能像凸透镜一般专注于一个目标，也不能综合利用自己的能力。如果他们没有能力去聚拢这些能力，就无法运用这些能力来解决一件事。但是只有当人们把这些能力聚拢，用来做一件事、达成一个终极目标时，才能够做出一番伟大的事业。

稻盛和夫本人并不器重所谓的全才，曾有很多优秀的人才进入京瓷公司，但是他们因缺少长期的专注力而纷纷跳槽。在稻盛和夫看来，多才多艺的人甚至全才往往是弱者，因为他们在综合利用能力来专注解决一件问题上显得无能，只有当他们无论做什么事都能保持专注时，他们才能真正强大。一个人是否能够充分调动身上分散的能力来专注做一件事，是胜负的关键。就像是凸透镜把太阳光聚焦到焦点上一样，稻盛和夫不论做什么事情都有坚持不懈的恒心，脚踏实地地努力，不达目的不罢休。

故事链接

从“被嘲少年”到“欧洲战神”

1769年8月，拿破仑出生于科西嘉岛一个没落的贵族家庭。

1778年年底，受法国驻科西嘉总督的推荐，拿破仑和他的哥哥约瑟夫，被送到法国本土上学。在布里埃纳军事学校，同学们都瞧不起长得又瘦又小的拿破仑。拿破仑在这所军校接受了5年基础教育，他专注于学习，不理会同学们的嘲讽。

军校毕业后，拿破仑被推荐进入法国巴黎高等军事学校学习，拿破仑在学习中对炮兵学产生了浓厚的兴趣，专攻起炮兵战术来。他只用了一年时间，就通过考试取得了别人用三年时间才能取得的军官资格。16岁那年，拿破仑被派往一个炮兵团服役，他在清闲的炮兵团任职时把时间都用在读书上。

拿破仑成功的最大秘诀就是他能够专注做每一件事。他能够专注地治理他的帝国，也能够专注在最小的细节上。在找到敌人的弱点之后，他命令手下的士兵如雪崩一般袭击敌军，直到能够突破防线为止。拿破仑之所以成为享誉世界的军事家、政治家，或许有太多的密码，但他少年时专注于钻研的学习品质是从“被嘲少年”到“欧洲战神”的关键因素。

漫画剧场

错误的专注

这瓜一看
就很甜。
好！
七月，去叫哥
哥来吃西瓜。
哥哥，哥哥，
吃瓜啦！
不太对劲。
轩轩真
专注。
哥哥变成木
头人了！
你这是错误
的专注。
你太过分了，
亏我还夸你
专注。
我确实很
专注。

智慧问答

稻盛先生，据说您并不器重多才多艺的全才，这是为什么呢？

我作为一名企业经营者，聘用过各种各样的人才，其中不乏所谓“全才”。这种人头脑敏捷，对工作要点领会很快，然而正因为他们聪明，成长很快，或许很快就会觉得眼前的工作太平凡，待在公司里大材小用了，所以不久就会辞职离去，根本不会长期专注地为公司做出贡献。

稻盛先生，长期专注真的能变平凡为非凡吗？

各行各业的名家、高手，他们在达到高境界之前，无不踏实努力、孜孜以求。一辈子专注于一行一业，不厌其烦、终生努力的人，才能成为名家、高手。

稻盛先生，您是如何训练自己的专注力的呢？

首先，制订每天的工作计划，并提前安排好任务的顺序和时间，将大型任务分解为更小、更具体的任务，以便更容易集中注意力。其次，要提高抗干扰能力。外界环境不断变化，时刻都在影响大脑，提高抗干扰的能力可以提高注意力。

自我修炼课堂

1. 做作业时，你喜欢开着电视吗？（　　）

A. 是的，我觉得只有这样，做作业才不会枯燥

B. 不是，我做作业一向很专心，一边看电视，一边做作业会相互干扰

C. 一般不会，但有时做作业时间长的时候会看看电视

2. 听别人讲话时，你会常常想着另外一件事吗？（　　）

A. 是的，我会不由自主地想其他事情

B. 我会尽量应付讲话的人

C. 我不会一心二用，否则可能两件事情都做不好

3. 你常常在做作业的时候还能耳听八方吗？（　　）

A. 我在做作业时对周围的一切了如指掌

B. 我做作业时不关心周围的事情

C. 这种情况不常发生，除非我在抄习题

4. 班上来了新老师，你会将注意力放在老师的穿着上吗？（　　）

A. 我会花点时间想想新老师的事情

B. 我会像原来一样认真听课

C. 我会好奇地一直打量新老师

稻盛和夫箴言：

人生的旅途存在着很多诱惑，我们应该培养坚强的意志力来排除思想中的妄念，选择正确的道路。

人的能力有无限延伸的可能

稻盛和夫认为，如果只以当前的能力来评价自己，那实在太妄自菲薄了。人类的潜能是无限的，哪怕对某些事情无能为力，那也只是现在的自己能力不足，将来的自己一定能行，用“将来进行时”考虑是很重要的。我们不应把自己限制在既有的能力水平之中，而应该相信自己的能力会随着时间的推移而提高。我们应该相信自己的潜能，等待着机遇的唤醒与释放。只要我们具备坚定的信念、积极向上的心态和持续不断的努力，就能克服困难，实现人生目标。

稻盛和夫强调，潜能的开发与个人成长密切相关。只有不断挑战自己，勇于突破，才能实现个人成长和潜能的最大发挥。稻盛和夫鼓励年轻人在描绘自己的人生蓝图时，要以发展的眼光看问题，相信人的能力会不断增长。仅凭现有的能力，没有谁能断言能否达成目标。然而，不提高现有的能力，就不可能实现更高的目标。尽管现在做不到，但将来无论如何也要做到，只有这种态度才能达成高目标。“能力要用将来进行时”与“追求人类的无限可能性”是一对相互呼应的条目。我们每个人都有无限的可能性。

故事链接

IBM 的订单

1966 年，京瓷成功获得了 IBM 公司 2500 万个 IC 叠层电路基板的订单，全体员工欣喜若狂。然而没高兴多久，他们就发现 IBM 的产品要求苛刻得叫人难以置信。在当时，一般的生产任务书只是一张图纸，IBM 的任务书却是厚厚的一本，要求细之又细。按照当时京瓷的技术能力，几乎无法达到这样的要求，不论试制多少次，陶瓷部件都不合格。

于是稻盛和夫换了个视角，将此次磨难当作提高自己公司技术能力、扬名立万的好机会。在接到订单的第二个月，稻盛和夫干脆搬进了工厂宿舍。他全力以赴地拼命努力，并鞭策员工们，将公司所有的技术倾注在这个产品上。当时，创业伊始的京瓷的技术员只有寥寥数人，稻盛和夫激励他们说："虽然咱们从没做过类似的产品，但通过这样的方法和流程，我觉得应该能行。事不宜迟，咱们快点开始实验吧。"可员工们异口同声地说："这是不可能完成的任务。"稻盛和夫为了让技术员接受自己的想法，开始对他们宣传"能力要用将来进行时"。但是，产品试制仍不顺利。于是他们更加投入，付出了用语言难以形容的努力，终于成功地制造出了满足 IBM 苛刻要求的产品，并投入量产，赶在交货期之前完成订单，顺利交货。

漫画剧场

开发潜能

这个哑铃不适合你，你从小的开始练。
我要开发我的力量潜能。
轩轩，你脏死了，快去洗澡。
我的潜能还没发挥出来，我还可以更脏。
你已经吃两碗了，别再吃了。
我的胃还能开发。
哎哟，撑得肚子痛。
看你以后还逞不逞能？！

智慧问答

稻盛先生，所有人都有巨大的潜能吗？

是的，这来自对人脑的开发。大多数人的大脑只开发了不足10%，像爱因斯坦那样伟大的科学家也只开发了12%，因此，我们还有巨大的潜能。

稻盛先生，您认为潜能无限的人具有哪些品质呢？

首先要具有强烈的信念。信念是潜能开发的基石，只有坚定自己的目标，才能在困难面前不屈不挠。其次，具有积极的心态。积极向上的心态是激发潜能的关键，它能帮助我们克服恐惧、焦虑，勇往直前。再次，要持续不断地努力。只有通过持续不断的努力，才能逐渐挖掘出自己的潜能。

我们应该如何激发自己的潜能呢？

第一，要设定明确的目标，明确的目标能帮助我们集中精力，全身心地投入到潜能开发中。第二，通过不断给自己设立小目标，实现自我激励，从而提高潜能开发的效率。第三，要注重团队协作，与他人互相学习，共同进步，一起激发潜能。

自我修炼课堂

1. 稻盛和夫认为潜能无限的人具有哪些品质？（　　）（多选）

A. 强烈的信念　　B. 积极的心态

C. 持续不断的努力　　D. 天资聪慧

E. 强健的体魄

2. 稻盛和夫提出了哪些激发潜能的方法和策略？（　　）（多选）

A. 妄自菲薄　　B. 限制自己的想法

C. 设定明确的目标　　D. 实现自我激励

E. 注重团队协作

3. 如何理解稻盛和夫说的在建立目标时，要设定超过自己能力上限的目标？

____

____

稻盛和夫箴言：

要坚信自己的能力是无穷的，勇敢地面向未来，追逐理想，并设定超越自己能力范围的目标。

世上没有一个东西是多余的

所有的人都扮演自己的角色，可以说每一个人、每一个事物都有其存在的分量。每一个渺小的事物都有其存在的价值，这是稻盛和夫一直秉持的观念。万物皆有用，不论它看上去卑微得像棵草，还是渺小得像滴水。

在日常的生活中，你是不是经常碰到这样的情况：当你需要某样东西时，想起那是前几天刚刚扔掉的。此时，你不免十分后悔，当初为什么把它随手给扔掉呢？现在需要的时候又没办法找回来了。想到这里，我想起一句话："世界上任何东西，不管是大是小，是多是少，是贵是贱，都各有各的用处，不要随便就浪费了。"

稻盛和夫是一个懂得珍视事物的人。他在工作和日常生活中，不会轻易将一些小小的物品，比如复写纸、大头针、回形针之类，随手扔到垃圾桶里去。他总是会把它们收起来，放在某一个角落里，当需要时，就不用四处找寻了。当别人有需要时，他就会主动从抽屉里拿出来，及时提供给需要的人。其他人得到"好处"后，就会开玩笑说他是"秘书、收藏家"等。稻盛也幽默地自嘲是"垃圾回收站"。

故事链接

仪山禅师与滴水和尚

有一次，仪山禅师想洗澡，但是水太热了，于是仪山让弟子打来冷水倒进洗澡盆里。

弟子提着一大桶冷水往洗澡盆里倒，一边倒一边问师父温度是否合适，当听师父说水的温度正好，就随手将剩下的半桶冷水倒掉了。仪山来不及阻止，眼睁睁看着弟子倒掉剩水，他不禁语重心长地说：“世界上的任何东西，不管是大是小，是多是少，是贵是贱，都各有各的用处，不要随便就浪费了，你刚才随手倒掉的剩水，不就可以用来浇灌花草树木吗？这样水适得其用，花草树木也眉笑眼开，一举两得，又何乐而不为呢？”

弟子听了师父的教诲后，惭愧地低下了头，受师父这么一指点，这个弟子从此便心有所悟，取法号为滴水和尚。

正如仪山禅师所说，万物皆有所用，即使是半桶冷水也是构成宇宙必要的、不可或缺的存在，要让它发挥出最大的作用而不是白白被倒掉。无论多么渺小的东西，如果缺少了它，宇宙本身将不复完整。

漫画剧场　找不回的零件

祝你生日快乐，祝你生日快乐。
送你一套积木。
谢谢爸爸，我早就想要这个。
哥哥，什么时候能拼完呀。
估计要一周。
轩轩，这是你积木的零件吧，快收好。
没用的，扔了吧。
果真没有一个零件是多余的。
图纸

智慧问答

轩轩，世上没有一个东西是多余的，你认可吗？

其实我是不太认可的，比如我穿小的鞋子、过时的衣服，这些东西真的没什么用处了。

鞋子小了可以给弟弟穿，衣服过时了也可以劳动的时候穿。世界上的任何东西，不管是大是小，是多是少，是贵是贱，都各有各的用处，不要浪费了。

虽然东西可以开发出其他的用处，但是我觉得有些职业真的没有前途。

俗话说三百六十行，行行出状元。每一种职业也都有它存在的价值，所有人都各自扮演着自己的角色，可以说每个人、每件事物存在的分量都是相同的。

稻盛先生，我明白您的意思了，人尽其才，物尽其用，每个事物都有它们存在的意义，每个人都有他自身的价值！

自我修炼课堂

判断题：

1. 这个世界上没有一无是处的东西，所以，我们面对选择时，可以多一点儿从容；面对万象时，可以多一点儿宽容。(　　)

2. 如果一个人处在社会的底层，那么他一定会产生自卑的心理，因为人们都看不起比自己低下的人。(　　)

3. 长相漂亮的比相貌一般的更讨人喜欢，出生于富贵家庭的孩子比来自穷苦人家的孩子前途更广阔。(　　)

4. 万物皆有所用，不管他看上去卑微得像棵小草，还是渺小得像滴水。(　　)

稻盛和夫箴言：

不管别人怎么看，我们都要按照自己的实际，在这个世界上找到自己的一片绿洲、一片天空。

帮助他人，快乐自己

稻盛和夫说：人只要抱利他之心，行利他之事，命运自然就会好转。凡事顾全别人，其实也是在成全自己。

稻盛和夫 27 岁前一直霉运当头。然而就在他悟到“宇宙的本质就是利他”之后，命运的齿轮开始反转。1973 年，全球爆发了第一次石油危机，很多日本企业都无奈裁员以求自保。稻盛和夫所创的京瓷公司也受到了波及，订单锐减至原来的十分之一。可稻盛和夫坚决表示，自己不会因此解雇任何一名员工，包括钟点工。那段时间，他让十分之一的人继续工作，剩下的人就学习或打扫卫生，但工资还是照发。员工们也被稻盛和夫的仁义感动，纷纷为公司建言献策，帮公司度过危机。后来京瓷公司不仅成功渡过难关，还脱颖而出，成长为世界五百强之一。

从利己思维到利他思维的转变是格局的改变。不管是学习还是生活，当我们站在别人的立场，积极给予别人帮助和理解，自己也会好过很多。你愿意为别人撑伞遮雨，别人才愿意为你铺路架桥。当我们懂得推己及人，开始站在他人的立场考虑问题，我们的格局就会越来越宽广，人生也会越来越顺遂。

故事链接

社区工作者成名记

亚丝明·特林卡从小就梦想成为一名星光闪烁的演艺明星。为了实现这个梦想，她千方百计地学习表演技能。

然而，大学毕业后，亚丝明·特林卡并没能找到一份与演艺相关的工作，而是成了一名普通的社区工作者。亚丝明·特林卡特别沮丧，但她很快调整好自己的心态，踏踏实实地工作起来。

社区里的老人日常生活非常单调，亚丝明·特林卡想利用自己的表演特长为老人们枯燥的生活增添一点儿光彩。她找了几个志同道合的年轻人，紧张排练了一个多月，为这些老人们表演芭蕾舞剧《天鹅湖》。亚丝明·特林卡精彩的表演，博得了老人们一阵又一阵热烈的掌声。

社区里一位老人的侄女是一位小有名气的编剧，老人极力向侄女推荐亚丝明·特林卡，并硬拉着侄女去看亚丝明·特林卡的演出。亚丝明·特林卡的演出深深折服了这位编剧，编剧极力向导演推荐亚丝明·特林卡。于是，亚丝明·特林卡来到罗马试镜，被导演一眼相中，从此踏上了五彩斑斓的星光大道。

乐于助人的亚丝明·特林卡服务于社区的老人们，为他们带来欢乐，并意外地将自己推向光明灿烂的成功大道。

漫画剧场

助人为乐

你抓不到我。
你别跑。
我怎么啦？
轩轩，你干吗！
我要报告老师。
不是这样的，你听我说。
书是我不小心碰掉的，轩轩好心帮你捡起来。
轩轩，不好意思，错怪你了。
没关系的。

智慧问答

轩轩，通过今天的学习，你如何理解帮助别人就是让自己快乐？

首先，帮助别人可以让我们感到自己的价值。当我们帮助别人解决问题，给予别人帮助时，我们会有一种满足感和自豪感。其次，帮助别人也可以增进我们的友谊。

说得好，所谓“赠人玫瑰，手有余香”，帮助他人不仅能让我们感到快乐，还能让我们快速成长。你能举一个帮助别人等于帮助自己的例子吗？

一位盲人挑一盏灯笼在漆黑的街道行走，当不解的苦行僧问他时，他回答：既为别人照亮，也为别人撞不到自己。这个故事生动地说明了帮助别人等于帮助自己的道理。

那么，你认为“事不关己，高高挂起”的思想错在哪儿呢？

这是一种消极的人生态度，可能会让我们错过帮助他人的机会，甚至会导致我们内心的冷漠和麻木。我们应该摒弃这种心态。

自我修炼课堂

1. 我们先帮助和关爱别人，在自己需要帮助的时候，别人也会回报我们。你怎么理解？（　　）（多选）

A. 关爱就是关心爱护

B. 关爱能增进信任，促进社会文明进步

C. 关爱能赢得他人尊重

D. 关爱他人就是关爱和善待自己

2. 以下观点正确的是？（　　）

A. 献爱心是大人的事情，我们小孩子还是以后再说吧

B. 我又不认识他们，跟我有什么关系

C. 我们在为别人承担责任的同时，别人也在为我们承担责任

D. 如果不能自觉承担责任、对自己负责，就永远无法走向成熟

3. 请分享一下你帮助别人和接受别人帮助的事。

帮助别人：____

____

接受别人帮助：____

____

稻盛和夫箴言：

奉献于他人，帮助他人，并不仅仅是对他人有利，最终还将有利于自己。

从囚徒思维到变通思维

哲学家叔本华说：世界上最大的监狱，是人的思维方式。《理想国》中讲过这样一个故事：许多囚徒被关在山洞里，定睛看着墙上的幻影。这些幻影是人为制造的，可是囚徒们把它当成世界的真实面目，沉浸其中。有一天，一个囚徒逃离了洞穴，发现了外面真实的世界，连忙回去告诉同伴。可同伴们压根不信，还视他为叛徒。其实困住囚犯的从来不是山洞，而是脑海中那道无形的囚笼。

生活中很多人之所以遇到问题停滞不前、走进死胡同，就是因为思维固化，陷入这种"囚徒思维"。事情常常并不像我们想象得那么糟糕，主动推翻眼前的高墙，就会发现危机之中也藏着转机。

让自己从囚徒思维进阶到变通思维，是稻盛和夫人生的一次觉醒，也是思维的升级。人生就是一个不断觉醒和重塑的过程，觉醒的程度不同，达到的境界就不同，人生走向也会大不相同。想要让自己实现蜕变，一定要及早敲醒自己，从心态、格局、思维上进行转变。我们在遭遇瓶颈、走到死胡同时，试着提醒自己：山不过来我过去，此路不通换条路。我们的每一次觉醒，都会帮自己进入更广阔的天地，抵达更高的起点。

故事链接

关不住的袋鼠

有一天，动物园的几只袋鼠在笼子外面跳来跳去，管理员们感到很惊讶，他们赶紧去检查笼子，发现笼子并没有损坏。领导紧急召集所有人开会讨论，大家一致认为发生这件事的原因是笼子的高度过低，善于跳跃的袋鼠有能力跳出笼子。所以，他们决定将笼子加高。可是到了第二天，他们又在笼子外面发现了袋鼠，于是，他们又将笼子的高度加高，但还是没能阻止袋鼠跳出来。管理员们大为紧张，认为这些袋鼠的弹跳力实在太强了，他们决定一不做二不休，索性将笼子的高度再加高许多。长颈鹿看着忙得热火朝天的管理员们，不解地问袋鼠："你们看，这些人会不会再继续加高你们的笼子？"袋鼠看着敞开的笼门戏谑地说："很难说，如果他们一直忘记关上笼子的门的话！"

这些动物园管理员们为了防止袋鼠逃跑而疯狂地加高笼子，却不知道他们将自己的思维关进笼子，根本不知道变通，没想过转身看一看笼门。囚徒思维让人思维受困，做了许多无用功却无法解决问题。

漫画剧场

七月的智慧

七月，我们来玩一个游戏吧。
什么游戏？
你能通过门走出去吗？
可以呀。
你开动脑筋，想想办法。
哎呀，过不去。
七月真棒。
哈哈，这样就可以了。

智慧问答

稻盛先生，请问囚徒思维有哪些危害呢？

囚徒思维的危害在于，它限制了我们对世界的理解，阻碍了我们的成长和发展。当我们陷入囚徒思维时，我们可能会对一些新的观点或信息感到困惑甚至排斥，这就可能导致我们错过很多机会，甚至走向错误的道路。

我们在学习生活中可能会不自觉地陷入囚徒思维中，应该如何避免呢？

要避免囚徒思维，首先我们需要意识到自己的思维存在局限性。我们应该时刻保持开放的心态，勇于接受新的观点和信息。这就需要我们推翻思维的高墙，从新的角度去看待世界。

那么，我们应该怎样培养变通思维呢？

掌握变通思维，并不是一个一蹴而就的过程。它需要我们持续地挑战自己的思维方式，不断地学习和实践。只要我们勇敢地迈出第一步，推翻思维中那堵无形的高墙，就能逐渐掌握变通思维，发现生活的更多可能性和乐趣。

自我修炼课堂

1. 你认为囚徒思维的危害有哪些？（　　）（多选）

A. 阻碍我们的成长和发展

B. 限制我们对世界的理解

C. 让我们排斥新观点

D. 导致我们错失机会

E. 保证我们思想的安全

2. 你认为变通思维的好处有哪些？（　　）（多选）

A. 能够看到事物的多面性

B. 灵活调整策略

C. 找到新的解决方案

D. 导致我错失机会

E. 提升解决问题的能力

3. 从囚徒思维到变通思维的转变，是一个需要持续努力和实践的过程。我们应该如何训练自己的变通思维能力？

____

____

____

稻盛和夫箴言：

变通思维并非与生俱来，而是可以通过后天的努力和培养逐渐形成的。

拼尽全力，神明才会眷顾

一个人想要持续精进，就要学会调整自己的思维模式：跳出“固定型思维”，用“成长型思维”激励自己；把“我不行”变成“我尽力”，把“我不会”变成“我可以学”。当你敢于挑战，不断发掘自己的潜力，就会愈挫愈勇，快速实现蜕变。

稻盛和夫刚毕业时，入职一家濒临破产的陶瓷生产企业。企业的领导经常唉声叹气，把“我真倒霉啊”挂在嘴边。产品不合格被客户退回来，他怪客户要求太高；新型材料研发失败，他说研发太难。其他同事也跟着一边抱怨，一边混日子。

稻盛和夫深受其影响，写信向家里人大倒苦水，却被哥哥一顿痛骂：“一个只顾抱怨的人，会有什么出息？”这句话一下子敲醒了稻盛和夫，他不再跟着同事一起发牢骚，而是开始想方设法研制新型材料，开拓市场，拯救岌岌可危的企业。很快，公司的业务出现起色，稻盛和夫的人生也开始良性发展。

故事链接

竭尽全力

林登·贝恩斯·约翰逊是美国第36任总统，谈及自己的成长之路时，约翰逊说有一件事对他影响至深。

少年时，一次，约翰逊又一次考试不及格，父亲并没有批评他，而是指着后院的一块大石头对儿子说道："你去把那块石头搬起来，一定要竭尽全力！"约翰逊走到那块石头边上，使出全身力气去搬它，但石头纹丝不动。最后，累得满脸通红的约翰逊对父亲说道："我已经拼尽全力了，但还是搬不动它。"谁知，父亲听了他的话后，一字一句地对约翰逊说道："你并没有拼尽全力。因为，我就在你的身边，可你都没有请求我的帮助！"约翰逊吃惊地望着父亲。父亲语重心长地对他说道："虽然你认为自己已经拼尽全力，但你并没有理解这个词的正确含义。拼尽全力除了拼尽自身的力气、想尽所有的办法外，还包括用尽所有可用的资源。"

约翰逊猛然醒悟：自己学习跟不上，除了自身要努力以外，还要更多地向他人学习和请教。从此以后，约翰逊改变了胆小内向的性格，遇到不懂的事情，他第一时间向老师和同学请教，很快，他的学习成绩有了显著的提高。

洪荒之力

漫画剧场

我们是旱鸭子，天生怕水。
游泳太难了，我学不会。
游泳需要勤学苦练，拼尽全力。

我用了洪荒之力了！
有没有保留实力？
看看泳坛名将是怎么说的！

对，就这样，很好。

累死了，我没有力气了。
你们真棒！
哈哈，我游起来啦。

智慧问答

轩轩，你从这一节中得到了什么启示？

“固定型思维”认为，人的成功是由天赋和智商决定的，并对挑战性的任务持逃避的心态。“成长型思维”认为，人的能力是可以通过努力来培养的，即使人们在先天的才能和资质、兴趣以及性情方面有着各种各样的不同，每个人也都可以通过努力和个人经历来改变和成长。

那么，你认为哪种思维更有益于成长？

当然是成长型思维。成长型思维让我相信，我的能力是可以通过努力和学习来不断提升的。这种思维模式鼓励我们拥抱挑战，并勇于尝试新事物。

是的，在走向成功的道路上，我们缺少的不是机会与运气，也不是汗水与努力。我们欠缺的，是一种勇于跳出原有格局的思维方式。人生的改变，源自思维方式的改变。推倒固有思维的墙，换个思路处理问题，人生将会一路绿灯，荆棘之路也会成为坦途。

稻盛先生，我一定听从您的教诲，跳出“固定型思维”的禁锢，用“成长型思维”激励自己。

自我修炼课堂

测试一下你的思维属于哪类?

1. 如果我必须为某事付出努力，说明我不够聪明。(　　)

A. 不符合　　　　B. 符合

2. 我喜欢尝试困难的事情。(　　)

A. 符合　　　　B. 不符合

3. 当我犯错误时，我会感到很尴尬。(　　)

A. 符合　　　　B. 不符合

4. 我喜欢听到别人说我很聪明。(　　)

A. 符合　　　　B. 不符合

5. 当在某件事上遇到困难或挫折时，我通常会放弃。(　　)

A. 符合　　　　B. 不符合

答案：BBABA（假设以此答案为参照，每符合一题得一分）

1—2分　倾向于固定型思维

3 分　思维模式处于中间状态

4—5分　倾向于成长型思维

稻盛和夫箴言：

成长型思维模式者会把失败当成拓展、经历和经验，他们会认为改变和成长有很多种可能，通往成功的道路自然也就有很多条。

庆祝小小的成功

“该高兴的时候就要尽情地高兴”。持续地埋头于工作、专心学习，就像僧人专注于修道一样，是件苦差事。无论做什么，如果只有艰苦而没乐趣，就很难长期坚持。因此，我们有必要在工作或学习中找出喜悦，为小小的成功而感动，进而将这种感动转化为继续努力的动力。稻盛和夫总结出的经验是，每当工作进展顺利时，哪怕是微小的成功也值得我们高兴并加以庆祝。

稻盛和夫认为，成长是伴随着艰难和苦恼的过程，如果把自己当作苦行僧，一味强调吃苦耐劳而没有乐趣，是很难持之以恒的。当事情进展顺利或成绩受到肯定时，我们应该直白地表达快乐和感动，并将这种喜悦和感动当作精神补给，以此激励自己加倍努力。尤其是在一些事情一筹莫展的时候，保持自己内心的感动和激情，将是我们走出困境的直通车。如果经常为自己的小小成功感到欣喜，抱有一颗容易感动的心，成长过程中的艰难会因这些小小的成就和感动而被稀释。把感动带来的能量当作动力，从而更加努力地生活，这就是在漫长的人生征途中保持良好状态的最好方法，也是稻盛和夫一直坚持的理念。

故事链接

为小小的成功而感动

稻盛和夫大学毕业后的第二年，在实验室预测数据，每当预测被实验证明的时候，稻盛和夫都非常兴奋，尽情地表达自己的喜悦之情。研究室里有一位青年助手，他毕业于京都一家名牌高中，因家庭经济困难没能上大学。每当稻盛和夫因出了成果而欢呼雀跃时，助手总是用冷冰冰的眼神看着他。

一次，试验完成后，稻盛和夫又“嘭”的一下跳起来，高兴地对助手说：“咱们成功了，你也该高兴高兴啊！”助手却不屑地说：“你老是因为小小的成绩就高兴得眉飞色舞，看来你是一个很轻率的人。”稻盛和夫却对助手说：“在枯燥的工作中，研究成果带来了感动，这种感动给我注入了新的热情和生活的勇气，我认为感动非常必要。”然而助手对稻盛和夫的话很不以为然。

两年之后，稻盛和夫的研究颇有成果，而这位助手却悄然辞职。如果当初这位助手能理解稻盛和夫的话，为每次小小的成功而感动，并把它当作动力，更加努力地工作，结果可能就完全不同了。

漫画剧场

值得庆祝

轩轩这次测验的成绩提高了，值得表扬。
谢谢老师。
祝贺你！
谢谢，我会再接再厉。
这么高。
75分有什么好庆祝的，我95分呢。
75
95
轩轩有进步就值得庆祝。
我好感动。
是的，是的。
75
95

智慧问答

稻盛先生，您认为自己和那位助手最大的区别是什么？

我会为一点儿小小的成功从内心感到喜悦，并且不掩饰这种喜悦，我的助手却过于冷静与理性，缺乏自我激励。

所以，您的研究最后颇有成果，而这位助手却悄然辞职，在行业内并无建树。

是这样的，我想如果他当初能够理解我的话，为每次小小的成功而感动，并把它当作动力，更加努力地工作，结果可能就完全不同了。

其实，成长的过程虽然充满了艰难和苦恼，但是只要我们发自内心地为每一个小小的进步而庆祝，就能给我们注入勇气与动力。

说得没错，希望你抱有一颗容易感动的心，诚挚地对待生活，更加努力地学习，茁壮地成长。

自我修炼课堂

1. 你认为下列哪项小小的成功是值得庆祝的？（　　）

A. 自己解出了一道难题　　B. 人类第一次登上月球

C. 因为迟到被老师罚站　　D. 不小心弄倒了墨水瓶

2. 为什么要为小小的成功而感动？

____

____

3. 生活中，只要经过努力，我们就会取得小小的成功。这些成功，给了我们自信和动力，使我们难以忘怀。请你以“我的小小的成功”为题，写一段话。

____

____

稻盛和夫箴言：

为每一步小小的成功而庆祝，这样才能给我们增添新的勇气，并由此把工作不断向前推进。